城区富水大粒径砂卵石-硬岩地层输水隧洞泥水盾构施工关键技术

主编　干聪豫

中国水利水电出版社
www.waterpub.com.cn
·北京·

内 容 提 要

全书分6章。第1章为绪论，主要论述了北京市南水北调团九二期输水隧道的工程背景。第2章为富水砂卵石地层泥水盾构分体始发技术体系研究，主要论述了在深埋强透水富水砂卵石地层进行泥水盾构分体始发的全过程技术体系和先隧后井盾构过井不开挖常压开仓成套技术。第3章为复杂地层条件下泥水盾构高效掘进技术研究，主要论述了复杂地层泥水盾构掘进参数变化、高效掘进分析模型、刀具磨损、刀盘动力响应、刀盘泥饼处理等关键技术。第4章为泥浆环流系统工作性能及安全评价成套技术研究，主要论述了环流系统压力损失计算、渣石运移机理和管路减振降磨损等关键技术。第5章为复杂地质条件泥水盾构掘进难题与解决措施，主要论述了带压进仓施工关键技术、环流系统优化方法和盾构设备故障和解决方法。第6章为结论，主要论述了本书中各章节得到的一系列关键结论。

本书可供从事泥水盾构隧道设计、施工、工程管理和教学科研等相关人员参考使用。

图书在版编目（CIP）数据

城区富水大粒径砂卵石-硬岩地层输水隧洞泥水盾构施工关键技术 / 干聪豫主编. -- 北京 : 中国水利水电出版社, 2024.4
ISBN 978-7-5226-2427-3

Ⅰ. ①城… Ⅱ. ①干… Ⅲ. ①过水隧洞－隧道施工－泥水平衡盾构 Ⅳ. ①TV672

中国国家版本馆CIP数据核字(2024)第079895号

书 名	**城区富水大粒径砂卵石-硬岩地层输水隧洞泥水盾构施工关键技术** CHENGQU FUSHUI DALIJING SHALUANSHI－YINGYAN DICENG SHUSHUI SUIDONG NISHUI DUNGOU SHIGONG GUANJIAN JISHU
作 者	中交隧道工程局有限公司 主编 干聪豫
出版发行	中国水利水电出版社 （北京市海淀区玉渊潭南路1号D座 100038） 网址：www.waterpub.com.cn E－mail：sales@mwr.gov.cn 电话：（010）68545888（营销中心）
经 售	北京科水图书销售有限公司 电话：（010）68545874、63202643 全国各地新华书店和相关出版物销售网点
排 版	中国水利水电出版社微机排版中心
印 刷	北京中献拓方科技发展有限公司
规 格	184mm×260mm 16开本 9.75印张 237千字
版 次	2024年4月第1版 2024年4月第1次印刷
印 数	001—400册
定 价	**98.00**元

编　委　会

主　编： 干聪豫

副主编： 赵　亮　刘泓志　李兴高

编　委： 周华博　孙舒楠　曹英贵　张晗硕　左世荣
方应冉　郭易东

前　言

北京市南水北调团九二期输水隧道创北京盾构工程多项之最：最深的盾构埋深（42.50m）和基坑开挖深度（45.3m）、最大地下水压力（0.34MPa）、最复杂地质条件、最长一次性硬岩掘进（830m）等。针对工程工期紧迫、城市狭小环境和砂卵石-硬岩地层等复杂地质条件下盾构始发、刀具磨损、刀盘结泥饼、盾构高效掘进和环流系统工作性能等问题，项目组成员历经6年的攻关，突破一系列困难，取得了巨大的社会、经济效益。

结合南水北调团九二期输水隧道工程实际，项目组成员以解决深埋富水大粒径砂卵石-硬岩困难地层泥水盾构施工关键技术为目标，重点研究富水砂卵石地层泥水盾构分体始发、盾构在复杂地质条件下的施工参数的变化规律、参数间相关关系、刀具磨损、刀盘泥饼和环流系统工作性能等工程重难点，形成敏感城区深埋困难地层泥水盾构施工成套技术。

针对团九二期工程的特征及施工重难点，项目组主要从以下3个方面展开研究：

（1）富水砂卵石地层泥水盾构分体始发和过井不开挖常压开仓技术体系。

（2）困难地层泥水盾构施工高效掘进关键技术。

（3）泥水盾构环流系统工作性能及安全评价成套技术。

通过开展本课题的研究，北京市南水北调团九二期二标项目取得了一系列重大成果：国内首次实现富水砂卵石地层泥水盾构分体始发，同时将泥水盾构环流系统布设在两个标段，有效解决了敏感城区狭小环境对泥水盾构施工的限制，研发了深埋（42.5m）高渗透（$k=2.3\times10^{-1}$cm/s）富水砂卵石地层泥水盾构分体始发全过程技术体系，构建了先隧后井盾构过井不开挖常压开仓成套技术，探索总结了复杂地层条件下长距离掘进、长距离大粒径环流系统工作性能等关键施工技术，极大提高了盾构掘进效率，为北京地区未来盾构施工向更深、更复杂地层中发展提供强有力的技术支撑，是一笔十分宝贵的工程技术财富。

本书全面系统地介绍了团九二期输水隧道一系列施工与科技研发成果，工程实践性强，图文并茂，具有极强的可参考性，对于今后类似敏感城区场地限制和困难地层泥水盾构施工具有重要的指导意义，也可为国内外具有相似工程背景的泥水盾构施工提供借鉴。

希望广大读者对阅读时发现的问题，提出宝贵的意见和建议，以利于今后再次修订，使之更加完善。

干聪豫

2024 年 1 月

目　录

第1章 绪　论

1.1 研究背景

随着国内城市地下空间的不断开发利用，盾构隧道工程将向更深空间发展，因此将面临更复杂的地质条件、更高的地下水压和更长的掘进距离等诸多问题。与土压盾构相比，泥水盾构由于采用泥浆作为掌子面支护和渣土运输介质，因此泥水盾构具有压力控制模精密、盾构机扭矩小、地表沉降低、渣土运输速度快、不存在喷涌问题等优势，使得泥水盾构更加适合复杂地质条件下的隧道开挖。虽然采用泥水盾构在复杂地质条件下施工具有较多优势，但其施工技术也相对更为复杂，尤其是在城市场地条件下，受到场地、环保、工期、周围环境等客观条件约束，对泥水盾构施工技术也提出了更高的要求。

尽管目前泥水盾构施工技术已相对成熟，但城市场地条件下复杂地质泥水盾构施工仍面临许多严峻的考验。例如，由于城市场地限制引发的泥水分离设备配置、高渗透地层条件下砂卵石地层泥水盾构分体始发、盾构过井不开挖常压进仓等问题，严重制约了敏感城区狭小空间的泥水盾构施工；由于困难地层引发的泥水盾构施工控制管理、长距离掘进条件下的刀具磨损、泥水积仓和刀盘泥饼等问题，严重影响盾构掘进效率；由于大粒径岩渣在环流管路中运移导致的排浆管路振动和磨损等问题，都是城市环境困难地层泥水盾构施工所面临的重大挑战。因此，对敏感城区困难地层泥水盾构施工关键进行深入研究，突破敏感城区场地限制，提高困难地层盾构掘进效率，具有十分重要的工程意义。

1.2 工程概况

1.2.1 线路综述

北京市南水北调配套工程团城湖至第九水厂（二期）工程，以下简称“团九二期工程”。

团九二期工程的实施，使得北京城市供水格局中的“一条环路”得以实现，封闭成环。从而实现南水北调、密云水库、官厅水库等地表水以及地下水的联合调度；保证主要水厂具备双水源；与调蓄库联合调度，合理调配来水与用水过程；及时应对南水北调总干渠断水事件，减少供水风险，提高供水保证率。

依据北京市南水北调配套工程规划和实施方案，在南水北调中线总干渠通水后，团九二期工程配合环线其他工程实现向第九输水厂、第八输水厂及东水西调系统供水任务。当南水北调停水或减少供水时，团九二期工程配合环线其他工程实现密云水库自来水向城子水厂、石景山水厂、田村水厂、第三水厂、黄村水厂和郭公庄水厂等供水的任务。

1.2.2 标段工程概况

本工程为北京水利工程建设中首次应用泥水盾构施工。如图1-1所示，本工程创北京地区多项盾构工程“之最”：埋深最大，地下水头最高，穿越地层最复杂多变，最长一次性硬岩掘进距离。

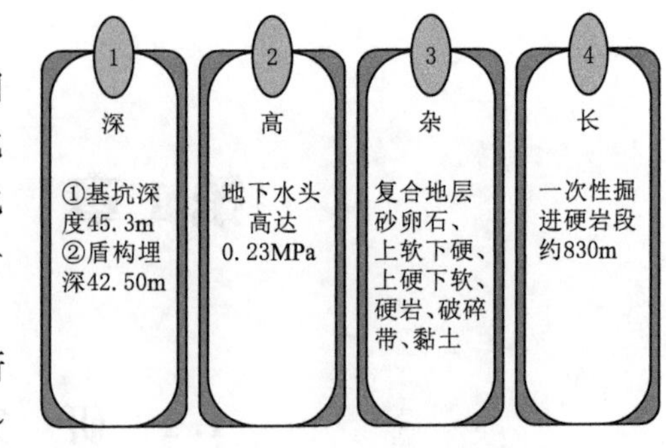

图1-1 工程典型特征

本工程标段为团九二期工程第2标段，新线路设计变更后输水隧洞桩为2+153.029～3+944.881，中心导线全长1791.852m，本标段内包括输水隧道，2号盾构井、3号二衬竖井、3号盾构井等构筑物，盾构隧道线路示意图见图1-2所示。

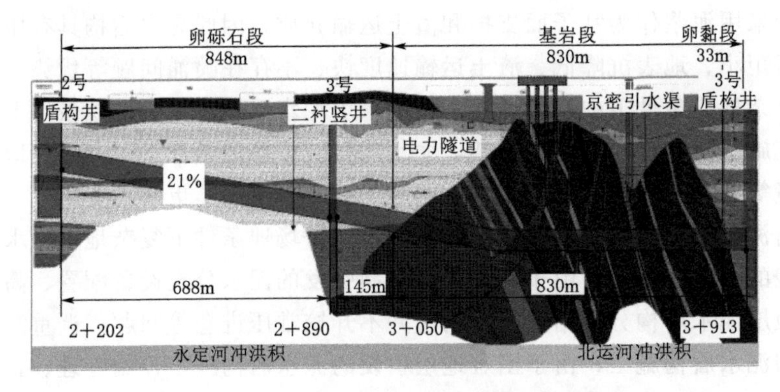

图1-2 团九二期工程施工第2标段线路示意图

1.2.3 场区地质

1.2.3.1 自然地理

团九二期工程位于海淀区，属于暖温带半干旱季风气候。年平均气温为11～12℃，多年平均降水量为597mm，降水量年际变化较大，最大年降水量为1050mm（1956年），最小年降水量为347mm（1965年）。降水量年内分配不均，其中6—9月降水量占全年降水量的85%以上。工程区标准冻深为0.80m。

1.2.3.2 地形地貌

团九二期工程位于北京市区西北部，涉及海淀区青龙桥镇、西北旺镇的团城湖、红山口、龙背村一带。地貌单元属北京西山东侧的山前斜坡带，基岩埋深起伏变化大，局部残留孤山，东接广阔的冲洪积平原。西侧香山最高海拔571m，红山口西三昭山最高海拔约110m，南侧颐和园万寿山最高海拔100m。因市政基础及城市各类建设，地貌多经人工改造，现状地势较为平坦，地面高程一般为49～52m。

1.2.3.3 地层岩性

第1段（桩号2+201～3+050）工程地质条件如下。

1. 地形地貌

本段从工程起点2号盾构井至红山口桥南侧、隧洞进入京密引水渠前约70m，该段位于永定河冲洪积扇北部边缘，历史上多湖沼及泉水。现由于地下水下降，除部分园林外，湖沼及泉水均荡然无存。沿线地形较为平坦，地面高程一般为50～52m。

2. 地层岩性

根据沿线勘探结果，场区除表层为人工填土（Q^{s}）外，主要由第四系全新统（Q^{4al-pl}）及上更新统（Q^{3al-pl}）冲洪积地层组成。现由上至下简述如下：

（1）人工填土（Q^{s}）。

工程沿线在不同地段分别以堆积粉土/黏性土填土及杂填土为主，局部为种植土。该层层厚多为2～3m，在穿京引渠附近厚达5m左右。

（2）第四系全新统冲洪积地层（Q^{4alp}）。

粉质黏土②层：该层土质不均，以粉质黏土、粉土互层形式分布，局部有机质含量较高，夹少量粉砂层透镜体。该层层厚一般为2～4m，层底高程为44～45m。

中细砂③层：以细砂为主，褐黄色，湿，偶见砾，密实，局部中密，该层主要分布于桩号2+650～3+050，揭露层厚一般为2～4m，局部达5m，层底高程为41～43m。

卵石④层：局部为圆砾，杂色，湿～饱和，多为密实，上部局部呈中密状，一般粒径为2～5cm，勘探揭露最大粒径约16cm，亚圆形，中砂充填，偶含漂石，级配良好，卵石含量多为60%～70%。该层局部夹薄层中细砂透镜体及黏性土薄层。该大层层厚多为15～18m，层底高程一般为27～30m。

（3）第四系上更新统冲洪积地层（Q^{3alp}）。

黏土⑤层与中细砂⑤1层互层：土质不均，主要分布在高程为23～30m，该层厚度多为1～2m，局部近4m。

卵石⑥层：杂色，饱和，密实，一般粒径为4～6cm，钻探揭露最大粒径大于10cm，亚圆形，偶含漂石，级配良好，中砂充填为主，卵石含量为55%～65%。局部夹密实状砂层透镜体，该大层揭露层厚为8～10m，揭露层底高程为16～17m。该层下部2号盾构井附近为互层分布的重粉质黏土及粉细砂层。

（4）第四系中更新统残坡积地层（Q^{2eld}）。

含碎石屑粉质黏土⑦层，主要揭露于3号二衬竖井及其北侧附近，褐黄色（棕）为主，局部为重粉质黏土，湿～很湿，硬塑，局部含碎石块等，岩芯可见块径多为10～20cm。该层揭露最大厚度约19m。该层下部为二叠系（P）全强风化砂岩、泥岩等。

3. 水文地质条件

本段属永定河冲洪积扇，该段40m深度范围内主要包含两层地下水。第一层水为上层滞水，主要赋水地层为黏性土②层中的粉土层；第二层水为潜水，主要赋水地层为卵石④层、⑥层，局部为中细砂⑤1层，受粉质黏土⑤层的影响，局部具承压性。根据该段地下水长期监测井监测资料，2018年11月—2019年11月，上层滞水埋深为3.1～5.6m，相应水位标高为45.1～46.6m，水位年变幅2.5m；潜水埋深为12.8～17.0m，相应水位标高为34.6～38.3m，水位年变幅为3～4m。同时分析场区地下水水位变化曲线，过去4年间，本场区上层滞水水位变化不大，基本维持在44～48m波动；潜水水位整体出现持续上升趋势，近3～4年，水位从31m上涨至最高38m左右，上涨近7m，主要受南水北调来水人工回补地下水影响。

第2段（桩号3＋050～3＋908）工程地质条件如下。

（1）地形地貌。该段地貌单元属山前斜坡带，隧洞主要沿京密引水渠渠底穿越，渠西紧邻山体，渠东地形较为平坦，地面高程一般为51～52m，高于京密引水渠渠底为4～5m。隧洞穿越旱河—清河联通暗涵、电力隧道、地铁四号线备用站台、香山路红山口桥、五环路跨京引、安河桥大街等，地上地下环境复杂。

（2）地层岩性。该段位于红山口桥附近，同时受永定河流域与北运河流域交错沉积影响，南北两侧第四系松散覆盖层岩性变化多，下伏基岩起伏变化大。覆盖层主要为人工填土、第四系冲洪积及坡洪积黏性土、砂及卵石层，基岩主要为二迭系砂岩、石英砂岩及砾岩、页岩等，分述如下。

1）人工填土（Q^{s}）。

该层在场区广泛分布，以杂填土及粉土/黏性土填土①为主，层厚一般为2～4m，层底高程为46.6～48.5m。

2）第四系全新统冲洪积层（Q^{4alp}）。

粉质黏土②层：褐黄色，湿～很湿，可塑，多为中高压缩性，该层土质不均，局部夹粉土及粉砂透镜体。该大层揭露层厚为4～8m，揭露层底高程为39～44m。

中细砂③层：褐黄色，湿，该层不连续，中密～密实，含少量圆砾。下部为黏性土③1层，该层土质不均，以粉质黏土及粉土互层形式分布，揭露该大层厚度为4～8m，揭露层底高程为31～37m。

卵石④层：杂色，饱和，密实，一般粒径以2～4cm为主，局部为4～6cm，钻探揭露最大粒径约10cm，亚圆形，中砂充填，含量为25％～35％。局部夹中细砂透镜体。钻探揭露该层层厚为4～5m，揭露层底高程为30～31m。

3）第四系上更新统冲洪积层（Q^{3alp}）。

粉质黏土⑤层：该层土质不均，湿～很湿，可塑，该层揭露层厚为3～4m，揭露层底高程27m左右。

卵石⑥层：杂色，密实，饱和，与中细砂⑥1层交错沉积，揭露该层层厚为2.5～5m，揭露层底高程为22～24m。

4）第四系中更新统残坡积层（Q^{2eld}）。

以棕红色～褐黄色（棕）的含碎石屑粉质黏土⑦层为主，湿～很湿，硬塑，局部混碎石块、砾石等，该层随基岩岩面坡度厚度变化较大，至3号盾构井附近，该层层底高程约－2m。

5）二迭系（P）。

场区岩性以石英砂岩、砂岩为主，局部为青灰色泥质粉砂岩、棕红色砂岩及少量炭黑色砂质泥岩、砾岩等。该地层属于海淀背斜北翼，根据对红山口西侧裸露山体测绘显示，该区岩层走向为10°～50°，倾向NW，倾角为22°～32°，单斜岩层互层状分布。

（3）水文地质条件。

本段属山前斜坡带，同时受永定河冲洪积及北运河冲洪积的交错沉积影响。场区60～70m深度范围内地下水埋藏类型为第四系孔隙水及基岩裂隙水。勘察期间场区第四系孔隙水主要揭露两大层，第一层水主要揭露于隧洞末端，埋藏类型为台地潜水，主要含水层为中细砂③层透镜体，多年地下水埋深一般为8～9m，相应水位高程为41～42m；第二大层水主要含水层为卵石④层、⑥层，2019年11月监测水位高程均为38.6m左右。由于工程末端受北运河冲洪积影响明显，黏性土层的存在使该层水表现出不同水头的承压性，但整体水位与红山口桥南侧永定河冲洪积影响的潜水水位一致。该层水较2015年上涨6～7m。

(4) 岩体透水性。

综合分析钻孔孔内压水试验成果，压水试验曲线类型多种，岩体透水率通常为3～6Lu，以弱透水性为主，但受地层岩性变化以及节理裂隙发育不同，呈现出较大的差异性，q=0.24～53.47Lu，平均值为6.18Lu。透水性从微～中等，其中弱透水性约占75.6%，微透水性约占12.8%，中等透水性约占11.6%。但考虑局部岩体破碎带、节理裂隙密集带存在卡不住塞问题，实际岩体透水率可能与实际存在较大偏差。综合考虑场区地质构造复杂，破碎带分布较广，建议岩体透水性按照弱～中等透水性考虑，其中在桩号3+600之前小型断层及节理裂隙密集带等构造极其发育，且局部与第四系强透水卵砾石直接接触，建议该附近节理裂隙密集带、断层碎破带附近按照强透水性考虑。据调查，本工程拟下穿的地铁4号线备用通道在隧洞矿山法施工时地下水控制难度极大。

1.2.3.4 地质构造

根据区域性资料和勘察工作成果认为，本区无深大的区域性断裂通过，不构成特大地震孕育与发生的控制构造。但区内小型断层破碎带较为发育，其中西北旺断裂（昆明湖断裂）在工程区走向为近南北向，在青龙桥、红山口桥附近穿过工程区及昆明湖。

1. 断层

钻孔揭露显示，场区地质构造极其复杂，在安河桥以南、尤其渠西钻孔中，岩芯杂乱，多处分布有破碎带及裂隙密集带。其中钻探揭露垂直厚度为7～10m的断层破碎带较具代表性，岩芯以泥状结构为主，局部夹碎块，颗粒组成复杂，含大量的黏土矿物，强度低遇水极易软化。其中棕红色断层泥主要矿物成分及含量：高岭石37%～42%，云母27%～35%，石英26%～29%，长石及赤铁矿均为1%左右；同时受断层影响，断层周边地层风化明显，岩芯多呈碎块状。SQ4号钻孔（隧洞入京引附近）受断层破碎带影响，埋深58.5m以上基岩均呈土状、粉末状，局部夹碎块。同时，引水渠西侧山体调查结果显示，区内构造主要展布方向为NNE和NWW，高倾角为主。其中NNE向展布的构造最为明显，倾向SEE，倾角55°～65°；NWW向展布的构造倾向SW，倾角约70°（见图1-3）。结合区域地质构造、西侧山体构造展布以及钻探揭露的破碎带空间分布特征，初步推测本次在红山口桥附近钻孔中揭露的断层破碎带与昆明湖断裂特征相近，初步推测该断裂在本场区以多条近平行、走向近南北、倾向E、倾角60°左右，宽为4～5m的破碎带形势展布；

图1-3 引水渠西侧山体构造发育典型照片

另外在安河桥南侧附近揭露的破碎带推测，场区同时分布有走向NWW、倾向SW的高倾角小断层存在。钻探揭露断层破碎带照片如图1-4所示。

(a) SQ12，50.2~56.3m

(b) SQ12，56.3~60.0m

(c) SQ04，48.0~53.0m

(d) SQ04，53.0~58.5m

(e) SQ11，54.0~62.0m

(f) SQ10，4.7~9.4m

(g) SQ10，18.2~23.2m

(h) SQ10，52.7~59.0m

图1-4 钻探揭露断层破碎带照片

2. 节理裂隙结构面

根据钻探揭露，场区主要发育两组节理，一组节理面倾角呈45°～60°，一组为近垂直节理，节理面可见锈斑，局部充填黏性土。

1.2.4 盾构机选型

本工程盾构掘进范围内地质条件复杂，地层岩性不一、软硬不均、地下水压力大，同时，盾构隧道埋深也较大，因此对盾构机设备功能要求提出一定挑战。盾构机基本功能要求满足：

（1）良好的土层切削能力（刀盘及主驱动系统，推进系统）。

（2）准确、稳定的泥水压力平衡控制能力（泥水控制系统、保压系统）。

（3）良好的地层填充能力（注浆系统及后方台车二次注浆台）。

（4）良好的止浆能力（盾尾密封系统）。

（5）精准的盾构掘进导向能力（导向系统）。

（6）可靠的安全装置保护换刀操作人员安全（人闸系统）。

本工程中盾构机主要技术参数见表 1-1。

表 1-1　　盾构机设备技术参数

设备系统和部件名称	参数名称	规格、参数值	设备系统和部件名称	参数名称	规格、参数值
盾构机主体	开挖直径	φ6290mm	刀具配置	主切削刀	36 把
	总体长度	10490mm		可更换先行刀	42 把
	盾体长度	9500mm		边缘刮刀	24 把
	管片外径	φ6000mm		磨损检测刀	4 把
	管片内径	φ5400mm	仿形刀	仿形刀型式（滚刀）	滚刀
	总体重量	约 600t		仿形刀数量	1 把
	盾体总重量	约 400t		行程	40mm
	后部拖车总重	约 200t		最大超挖量	30mm
	刀盘结构型式	辐条面板式		最大顶出力	195kN
	空隙（开口）率	32%		液压工作压力	21MPa
	刀盘重量	约 65t			

本工程采用 ZXSⅡ-1600/20 泥水分离设备与泥水盾构机配套施工，主要由预筛分器单元、一级旋流除砂单元、二级旋流除泥单元、三级旋流除泥单元、振动筛分脱水单元等组成，预筛最大处理量能达到 2600m^3/h。设备以泥浆处理量 800m^3/h 的设备为基本单元进行组合并联，也可以根据其他工程的具体要求进行系统增容、拆分或重组，具有较强的工程适用性。

第2章 富水砂卵石地层泥水盾构分体始发技术体系研究

2.1 非始发井场地设置泥水盾构泥水处理设备

2.1.1 泥水处理设备场地布置

盾构始发井施工场地地理位置处于玉带路西侧一处公园内，由于原线路隧洞开挖方式计划采用土压平衡式盾构机施工作业，自线路调整后，隧洞开挖方式变更为泥水平衡式盾构机掘进施工，该施工方法需增设一处泥水处理系统场地，但原有始发井施工区场地狭小，周边扩征场地困难，经发包方协调，将临标段施工竖井场地内南侧（下称北侧场地，占地面积约1365m²）及西南侧公园内（下称南侧场地，占地面积约1640m²）作为泥水处理系统场地，如图2-1所示。南侧场地内布置有三级沉淀池、调浆池、泵坑、筛分及渣土场；北侧场地内布置有新浆池、废浆池、膨润土仓库、压滤及渣土场，如图2-2所示。

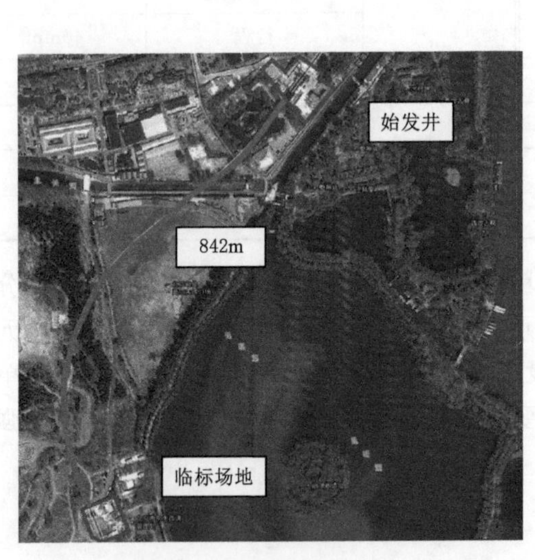

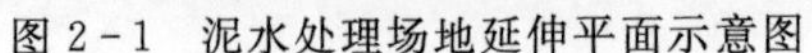
图2-1 泥水处理场地延伸平面示意图

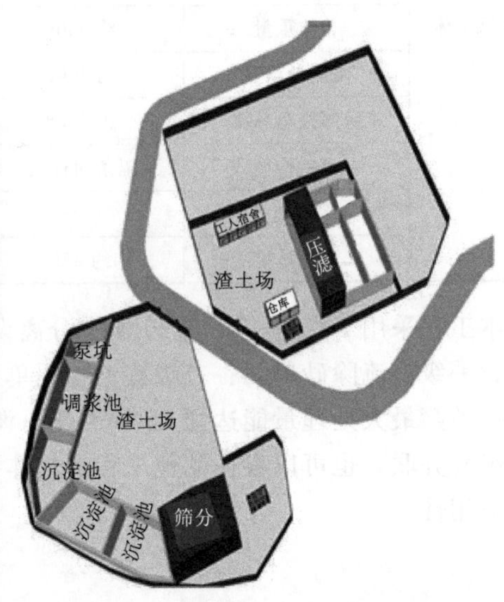

图2-2 泥水处理系统场地布置图

如图2-3所示，延长管路从始发井通过临标已完成的二衬隧洞到临标竖井，从竖井内将管路延伸到地面后通过架空管路进入到南侧筛分场地。架空支架采用型钢进行制作。架空管路有进浆管、排浆管、新浆池（废浆池）与调浆池连接管路等，如图2-4所示。

图 2-3　临标竖井内泥浆管路布置图

图 2-4　架空管路现场布置图

2.1.2　泥浆延长管路安装

临标既有隧洞已完成二衬混凝土浇筑，不允许破坏二衬混凝土进行泥浆管路和中继泵的安装。因此，临标隧洞内泥浆管路支架采用槽钢、方管等型钢直接放到混凝土上，如图 2-5 所示。隧洞内管道运输采用炮车运输方式。泥浆管运输炮车主要采用 4 个轮胎制作，底部铺设钢架，两侧安装放滚落装置。前后轮子中心间距 3.5m，底部钢架根据前后车轮中心分别向外延伸 1m，如图 2-6 所示。中继泵及其配套高压柜使用自制平台车向洞内运输，如图 2-7 所示。

图 2-5　延长管路布置图

图 2-6　既有隧洞运输

图 2-7　自制平台车

2.2　富水砂卵石地层泥水盾构分体始发

城市盾构隧道施工时，由于场地原因，盾构始发井结构尺寸一般较小，不能满足盾构整体始发，必须进行盾构分体始发，即将盾构及部分后配套台车放到井下，剩余台车通过延长管路连接放到井上，随着盾构掘进，将地面台车下放到井下，最终将全部台车放到井下，完成盾构连续施工。近些年，土压盾构的分体始发技术应用较多，而泥水盾构由于其工作原理与土压盾构不同，同时连接管路较多，分体始发施工具有一定难度，因此其应用较少。而在富水砂卵石地层中进行泥水盾构分体始发施工的之前还未有过。

本工程始发地层为富水砂卵石地层，始发施工时盾构顶部地下水头为 1～6m，地层渗透系数大于 200m/d。盾构始发井净空全长 48m，盾构机整机全长 96m，无法满足盾构正常整机始发，需要进行分体始发。本节主要研究富水砂卵石地层泥水盾构分体始发施工的 3 个部分，分别是洞门密封建仓、盾构掘进-台车转接施工、二次转接断电情况下保压。

2.2.1　洞门密封建仓

2.2.1.1　洞门密封形式

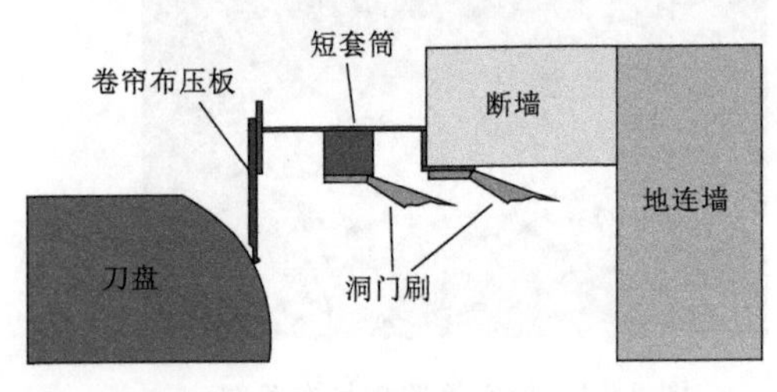

图 2-8　洞门短套筒密封示意图

泥水盾构掘进时通过泥水仓中循环泥浆将刀盘切削下的渣土带出，因此泥水盾构始发掘进前需将泥水仓内充满泥浆，建立压力（此过程称为“建仓”）。建仓需要将刀盘整体置于一个封闭空间内，采用短套筒＋两道钢丝刷＋一道卷帘布压板形式形成洞门密封，洞门短套筒密封，如图 2-8 所示。实物图如图 2-9 所示。

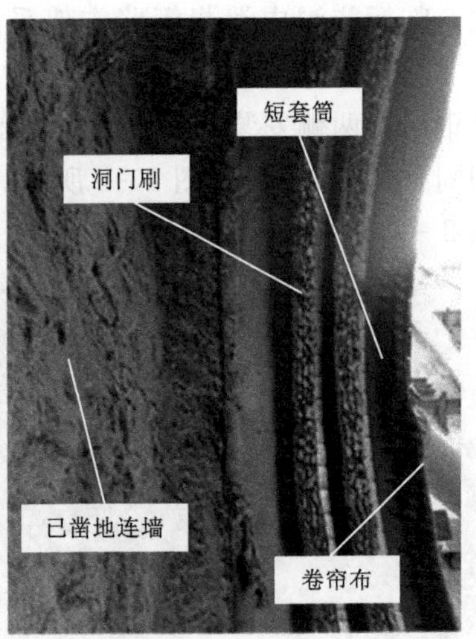

图 2-9　洞门短套筒密封实物图

短套筒长度需根据始发井结构长度确定，保证在刀盘进入短套筒前，盾构机可在始发井中下放、组装、调试。刀盘始发前需完全顶进至短套筒内，最终位置要保证内侧洞门刷压倒后可以将刀盘完全包裹进去。确保刀盘旋转时不损坏外侧盾尾刷。距离应满足式（2-1）。

$$ZC+DQ-GSS-YL_1-YL_2>DP \qquad (2-1)$$

式中：ZC 为地连墙凿除厚度，m；DQ 为端墙厚度，m；GSS 为钢丝刷完全压倒最大距离，m；YL_1 为刀盘最终位置距地连墙距离，这里取 0.05m；YL_2 为钢丝刷完全压倒后钢丝刷尾部距离刀盘与前盾交接处距离，这里取 0.05m；DP 为刀盘厚度，m。

2.2.1.2 始发建仓

始发建仓施工流程如下。

1. 洞门刷手涂油脂

如图2-10所示，为了保证洞门刷的密封性，需在盾构顶进前在洞门刷内使用手涂油脂，尽可能让油脂沾满每根钢丝。

图2-10 短套筒钢丝刷手涂油脂

2. 洞门破除、盾构刀盘顶进

根据式（2-1）确定地连墙破除厚度。地连墙破除完成后，盾构顶进至短套筒。盾构顶进结束后，盾构刀盘距地连墙距离和内侧钢丝刷尾部距离刀盘根部距离均宜为5cm。

3. 短套筒密封仓油脂注入

盾构顶进短套筒指定位置后即可开始通过短套筒预留注浆管注入油脂。油脂注入应从下向上，对称注入，先注入内仓，再注入外仓。每个注浆管注入时，紧邻上部注浆管流出油脂后将注浆泵更换到紧邻上部注浆管继续泵注油脂，直到短套筒最上部油脂注入压力达到1MPa为止。在盾体未完全进入短套筒内，弧形钢板封闭前，随着盾构掘进过程中内仓和外仓的油脂会随着盾体的摩擦和泥浆的循环产生消耗，造成内仓和外仓油脂压力降低，泥浆会从帘布处泄漏，因此随着盾构掘进需随时补给短套筒内油脂。当橡胶帘布处产生泥浆渗漏，就在渗漏点附近油脂注入孔补注油脂，直到渗漏点不再渗漏为止，现场油脂注入如图2-11所示。

图2-11 短套筒洞门刷密封仓内油脂注入现场施工图

4. 泥浆注入建压

油脂注入完成后即可开始往泥水仓注入泥浆，建立压力，泥浆循环。具体建仓步骤为：

（1）关门泥水仓、气泡仓、人闸仓舱门。

（2）通知筛分开启。

（3）盾构机开启旁通模式，开始泥浆循环，降低泥浆管路压力至1bar左右，根据环流系统实际情况，尽量控制流量在$3m^3/min$以下。

（4）通过可变开度CV_1控制泥浆的流速。

（5）泥浆液位升高以1m高液位为界限，每增加1m，观察洞门密封情况，如在增加液位的时候发现渗漏，可对对应位置进行油脂补充或通过棉絮填充止漏。（可通过液位开关及液位计判断舱内泥浆液位，液位开关间隔0.5m每个）。

(6) 液位增加至中线以上1.0～1.5m时，启动samson系统，开始气泡仓加压，此时泥水仓液位升高，气泡仓液位降低，根据液位降低情况适当增加泥浆，直至泥水仓上部压力为0.8bar（根据洞门密封情况，下限0.5bar、上限0.8bar）。

(7) 建压完成后开启正循环。

2.2.2　盾构掘进-台车连接施工

盾构掘进-台车转接施工可分为五个阶段，分别为盾构始发前台车布置、3号台车摆正、二次封洞门、8号台车下井、台车二次转接。

1. 盾构始发前台车布置

基坑有效净空长度内只能满足盾体、连接桥及1号、2号台车摆放。盾构机自带排浆泵（P21）布置于3号台车。由于泥浆处理场地不在始发井，为保证泥浆环流功能的有效发挥，P21泵需在井下与泥浆延长管路连接，因此3号台车需布置于基坑内，保证P21泵在吸程范围内将渣土排出。根据始发井尺寸，将3号台车并排布置于2号台车侧面，3号台车与延长泥浆管连接采用刚性连接，2号、3号台车之间用软连接，以便2号台车可随着盾构掘进移动，而3号台车保持不动。剩余4～8号台车在地面上沿基坑侧面依次摆放。井上、井下后配套设备采用延长管缆连接。现场分体始发盾构机及后配套台车布置如图2-12所示。

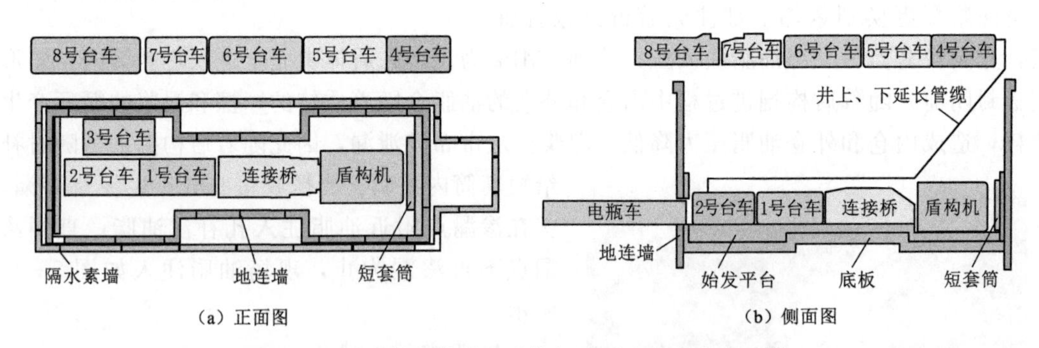

图2-12　现场分体始发盾构机及后配套台车布置图

2. 3号台车摆正

盾构盾体及台车吊装就位后，连接延长管缆，及调试盾构机各系统。

进排泥浆管路连接，受场地空间限制，本项目泥水处理设备布置于始发井后部临近标段场地内，进排泥浆管需要延已贯通隧洞（内径4.7m）敷设1000m左右。根据台车布置，首次掘进期间，3号台车不随盾构机一同行走，所以2～3号台车用ϕ250两根10m泥浆软管连接，3号台车与临标贯通隧洞内泥浆进排管路用硬管焊接连接，现场管路连接如图2-13所示。

盾构始发进行掘进，当掘进至加固区前停机，拆除与3号台车之间连接管路，将3号台车放置于2号台车尾部后，将3号台车与2号台车和延长管路连接。

3. 二次封洞门

在盾体尾部全部进入短套筒时，由于盾体直径较管片直径略大一些，因此在盾体脱出压板之后，压板橡胶帘布和洞门刷将由原来压在盾体上的状态转为压在管片上，内仓和外

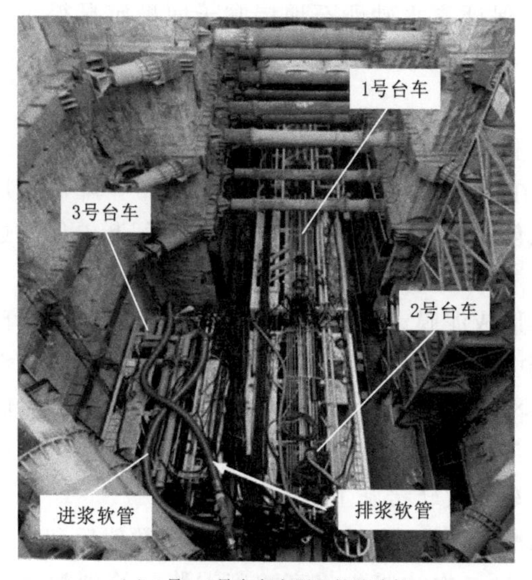

(a) 2号、3号台车布置及管路连接

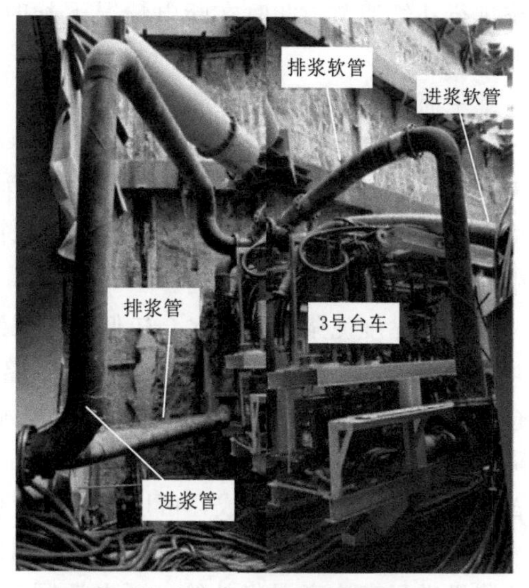

(b) 3号台车与延长泥浆管路连接

图 2-13 3号台车摆正位置

仓的体积将变大，油脂压力将会变小，在压力变化过程中，极有可能造成橡胶帘布处泥浆喷涌，因此在盾体尾部全部进入短套筒，但还未脱出压板时，利用预制钢板将短套筒与有预埋钢板的负环管片焊接，封死泥浆喷涌通道，现场短套筒二次密封如图 2-14 所示。

图 2-14 短套筒二次密封

4. 8号台车下井

在3号台车转正后管路连接完成后继续掘进，在掘进过程中利用两根长度 10m 的 φ250 泥浆管软管进行辅助掘进，施工接管效率较低。若不采取其他措施，每次接泥浆管需耗时多，且人工安装精度低。为了提高泥浆管接管效率，需利用8号台车上的接管器进行高效率接管。当3号台车尾部空间满足8号台车下井后，进行8号台车的恢复使用，8号台车接管器的使用将对接管效率有很大提升。

5. 台车二次转接

8号台车下井后，延长管缆重新恢复，利用8号台车接管器对进排泥浆管进行接管作业及掘进。再次进行掘进施工，待8号台车尾部空间满足地面4～7号台车一次下井后，停机。进行基坑内已敷设的泥浆管管路拆除、8号台车回退并吊装至地面，4～8号台车在依次吊装下井，组装及连接设备管缆，进行整体调试。

2.2.3 二次转接长时间断电情况下掌子面保压

台车二次转接时需将盾构大电断开，因此二次转接时泥水仓泥浆将不能通过泥浆循环系统进行补给调节。此时在断电情况下长时间保证富水砂卵石地层掌子面稳定显得至关重要。

掌子面稳定措施主要采取 3 步骤措施：

(1) 较高黏度和密度泥浆渗透。采用较高和密度泥浆（黏度 60s，密度 $1.2g/cm^3$）进行大循环掌子面渗透，渗透时间为 48h。以便在掌子面一定距离内形成渗透带，降低地层渗透系数，形成低透水地层，为后续泥膜形成创造有利条件，也为降低长时间断电保压过程中地下水对泥膜的不利影响。

(2) 高黏度泥浆置换泥水仓较低黏土泥浆形成泥膜。通过砂浆车将高黏度泥浆（马氏漏斗 200s）从中心回转备用最上部冲洗管路中注入到泥水仓中置换泥水仓黏度泥浆。泥水仓最低处泥浆黏度达到 90s，判断泥水仓泥浆置换完成。并通过观察切口压力单位时间下降幅度判断泥膜形成质量。若下降切口压力每下降 0.1bar 时间大于 8min，表明富水砂卵石地层中掌子面泥膜形成，可以断电进行台车二次转接施工。

(3) 泥膜形成后单位时间内压力降低到标准后断开大电，压力降低一定数值后利用二次注浆机进行高浓度泥浆补给。断电期间，通过二次注浆机将高浓度泥浆补给到泥水仓中。过程中应对泥浆切口压力下降速度进行监测，一般切口压力下降 0.1bar 后进行补浆。此过程压力控制宜略高出地层中实际水土压力值。因为渗透带＋泥膜的形成使得高浓度泥浆从泥膜出渗透到地层中的量非常少，压力降主要是泥浆从盾构机外壳处流失，因此保持略高泥浆压力，有利于阻隔地层中地下水进入泥水仓中，阻止对泥膜产生破坏。

2.2.4　二次转接断电情况下掌子面稳定控制技术

本工程施工过程进行二次转接时存在长时间断电、无法进行泥浆循环的情况，这种情况下，盾构压力舱泥浆会发生沉淀、出现分层等现象（上层为清水），此时泥膜在开挖面两侧都可能直接承受清水压力作用，这种情况均属于泥膜在非正常工况下发挥作用。因此，本研究开展了不同压力条件下泥浆渗透成膜、清水-泥膜压力渗透试验，分析长时间断电无法进行泥浆循环条件下开挖面泥膜效果，评估长时间停机等极端工况下情况下开挖面泥膜的质量。

试验地层选择本工程中的砂卵石地层，试验用泥浆选用密度 $1.15g/cm^3$、砂添量 5%、10%、15% 3 组泥浆，试验装置为高渗透砂卵石地层泥浆渗透成膜试验装置。进行试验时，在其下部依次装入滤层、砂地层和泥浆，上部通过空压机提供压缩空气压力来模拟试验压力，压力范围 0～0.5MPa。试验开始前在渗透柱下部装入高 5cm、粒径为 2～5mm 的粗砂作为滤层，然后装入高度为 10cm 的砂地层，采用反向饱和法饱和滤层与地层，并控制地层干密度为 $1.5g/cm^3$；然后注入一定高度的泥浆，密封法兰盘，通过空压机和稳压阀向渗透柱中施加所需的气压后，打开渗透柱底端的连通阀门，开始渗透试验。

关于泥浆渗透时的成膜压力值设定，根据盾构段地层水土压力从 0.16MPa 变化至 0.44MPa，在 0.16MPa、0.3MPa、0.44MPa 下成膜 1h，测试成膜过程中泥浆滤水量随时间的变化规律。试验开始后，打开排水阀，记录试验过程中不同压力下渗透过程中泥浆-泥膜的滤水量。然后排出泥浆，并注入 10cm 清水，封闭仪器，从 0.02MPa 开始，每两分钟增加 0.02MPa 压力，试验开始后，打开排水阀记录清水-泥膜滤水量，并绘制其滤水量曲线如图 2-15～图 2-17 所示。

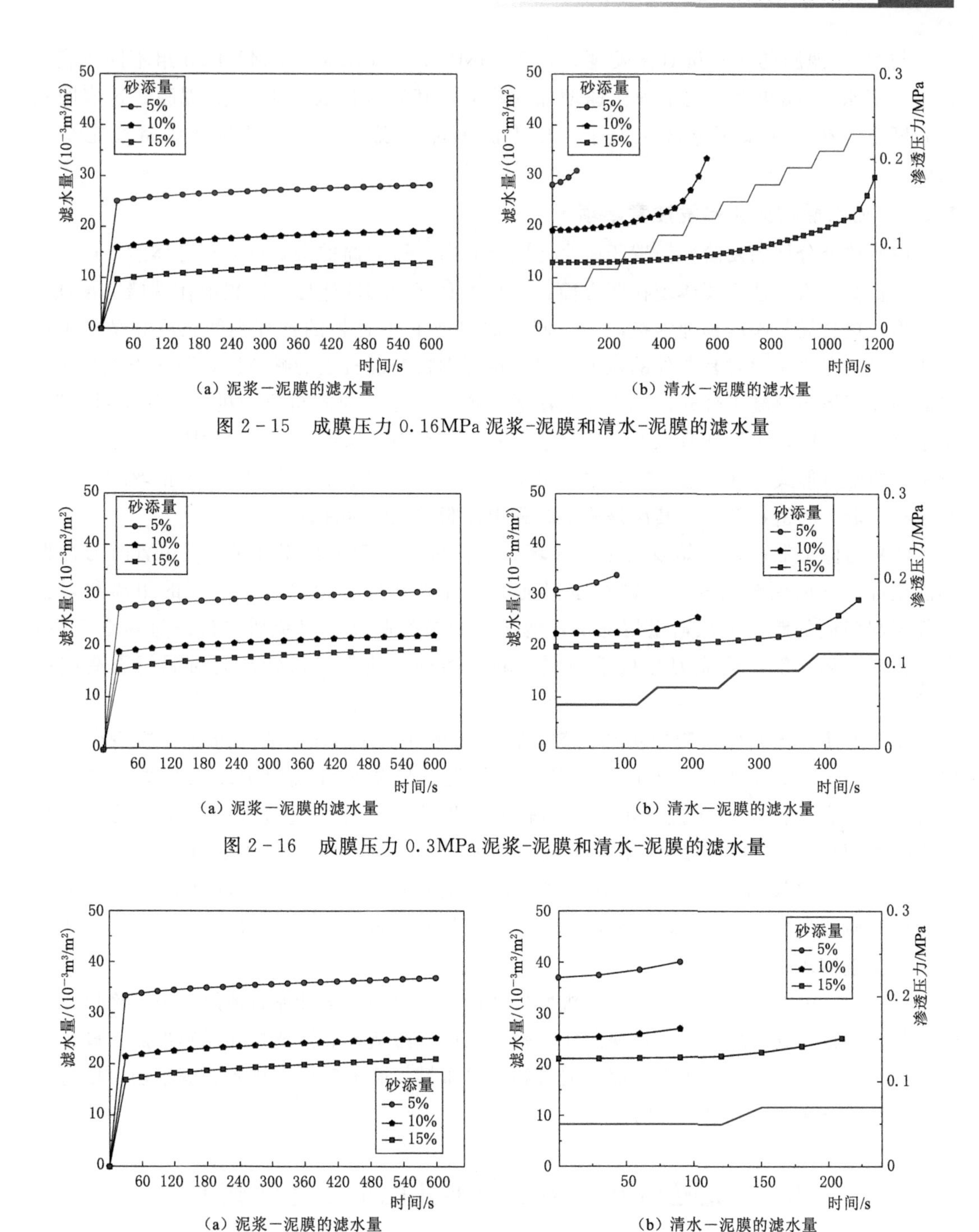

图 2-15 成膜压力 0.16MPa 泥浆-泥膜和清水-泥膜的滤水量

图 2-16 成膜压力 0.3MPa 泥浆-泥膜和清水-泥膜的滤水量

图 2-17 成膜压力 0.44MPa 泥浆-泥膜和清水-泥膜的滤水量

由图可以看出，在相同压力下，3 组泥浆在试验开始时，滤水量均急剧增大；随着渗透的进行，滤水量的增加量逐渐减小，直至最后稳定，稳定值随泥浆的砂添量的增加而减小；随着砂添量的增加，试验过程中滤水量的变化幅度越小。在相同砂添量下，随着压力的增加，滤水量增加，稳定值也随着压力的增加而增加。

与泥浆-泥膜的滤水量对比发现，在 0.16MPa、0.3MPa、0.44MPa 3 组不同成膜压力下，清水-泥膜滤水量均呈现快速增加的趋势，其滤水量远大于泥浆-泥膜。这表明长时间断电停机、泥浆不循环工况下，压力舱上部出现清水对于开挖面维持稳定是不利的。

2.2.5 泥水盾构分体始发注意事项

（1）整个分体始发阶段需置于一个封闭空间内，短套筒的密封性对于分体始发成功与否至关重要。密封性主要体现在两方面：一是短套筒与端墙连接，需提前在端墙上预埋 L 型钢板，短套筒与端墙预埋钢板满焊。同时需保证 L 型钢板的预埋钢筋长度和型号满足分体始发时泥浆压力对其向外的拉力，保证预埋钢板与混凝土的贴合度，防止因泥浆压力造成预埋钢板与混凝土分开，形成泥浆渗透通道。二是短套筒与盾构机之间的密封装置。该密封装置关键在于设计时采取几道防水，其他工程中有采取“1 道钢丝刷＋一道卷帘布压板”的密封形式，施工过程中防水效果不甚理想。因此本工程采用“2 道钢丝刷＋一道卷帘布压板”的密封形式。其次是施工过程中油脂的及时补注。

（2）为保证洞门刷在始发时不被破坏，盾构机顶进到短套筒最终停机位置时刀盘根部需全部离开内侧洞门刷。关键在于提前准确计算在保证刀盘与掌子面的距离和刀盘根部与洞门刷的距离的预留量情况下，地连墙的凿除厚度。以免盾构机顶进短套筒后，由于预留距离不够，造成刀盘根部与洞门刷未离开，使得刀盘转动后对洞门刷造成严重破坏。

（3）为使分体始发过程中更加高效，需提前做好台车井上、井下布置，减少台车位置转换次数。一是根据泥水处理场地位置、始发井结构尺寸确定 P21 泵位置；二是台车管路连接合理使用硬连接（焊接）和软连接形式，保证掘进过程中台车移动和台车转换的方便快捷；三是合理使用配备接管器的台车，减少人工接管的环节，尽快使用接管器进行泥浆管路连接，确保泥浆管路连接工效和精度；四是准确计算最后台车二次转接时盾构机需掘进距离，保证台车转接安装时空间足够，且盾构大电电缆长度满足盾构掘进需求。

（4）断盾构机大电前，由于盾构机所处地层为富水高渗透砂卵石地层，需严格执行高浓度泥浆渗透＋更高浓度泥浆置换制作泥膜。保证低渗透系数渗透带和泥膜形成。设置泥水仓压力略高于地层水土压力，保证泥膜和泥浆质量。断电后要安排专人观察切口压力变化，压力下降到规定数值后及时补浆。

2.3 先隧后井盾构过井不开挖常压开仓施工

城市盾构隧道施工时，由于场地征地拆迁问题往往导致施工场地交地滞后，致使盾构已经始发，中间井场地确未交地，盾构将先到达中间井，而中间井却未进行土方开挖，不具备盾构过井条件。因此，盾构机不得不在中间井外长期停机保压，而长时间停机保压对工程安全性和经济性造成不利影响。本节主要研究在中间井围护结构施作完成但未开挖情况下，盾构机过井并完成常压进仓、盾尾刷更换施工。

2.3.1 中间井情况

中间井结构为矩形，净空长×宽为13m×10m，围护结构采用1.2m宽地下连续墙加7道内支撑（6道混凝土支撑+1道钢支撑），地下连续墙深度48.6m，为落地式止水帷幕，开挖深度36.6m，中间井平面结构尺寸图如图2-18所示。

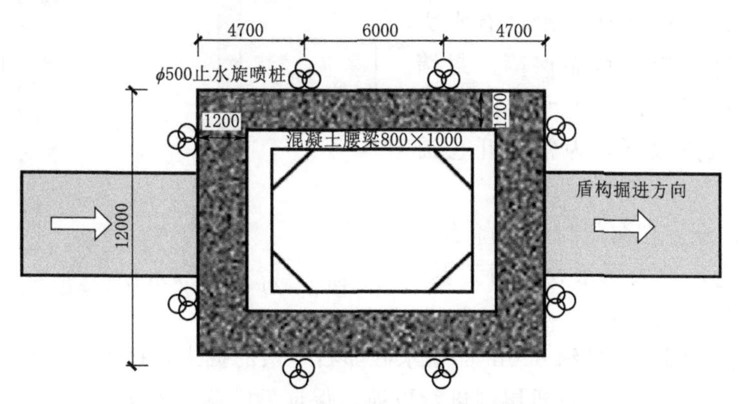

图2-18 中间井平面结构尺寸图

地下连续墙成槽范围内地层岩性为人工填土、黏性土、粉土层、中细砂层、卵石层以及粉质黏土。盾构施工范围内地层主要为砂卵石地层。同时，场区内地下水丰富，地下水位距盾构机顶部约20m。

2.3.2 施工流程及内容

本次研究盾构过井施工地层为富水砂卵石地层，且地下水位距离盾构机顶部20m。富水砂卵石地层泥水盾构过井不开挖常压换刀施工总体上分为四个部分：

（1）提前施作低强度混凝土墙。盾构机进入井内需更换检修和更换刀盘刀具，并且更换全盘刀具，因此作业内容多，耗时长。进入井内进行带压进仓施工除了具有一定风险性外，工效将大大降低，耗时更长，因此需在井内为盾构机进仓创造常压条件。可在盾构机进入中间井后最终停机位置提前施作低强度混凝土墙，如图2-19和图2-20所示，低强度混凝土墙厚度需大于刀盘厚度。

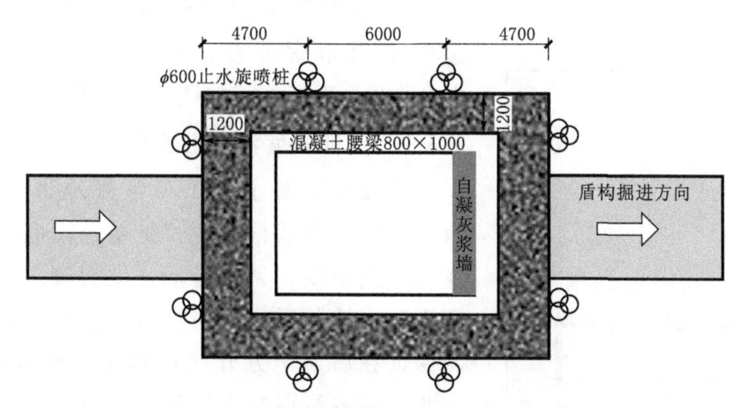

图2-19 低强度混凝土墙平面尺寸位置图

（2）盾构进井、封洞门、降水。盾构需磨穿地连墙进入中间竖井内，刀盘需顶到出洞处地连墙上。以便刀盘可以全部进入到低强度混凝土墙内，为常压换刀提供稳定空间。盾构机达到指定位置后，需将因刀盘磨穿的地连墙与管片之间的空隙封堵住，使得井内外地下水没有水力联系，为后续降水提供可靠保障。封堵完洞门后，需将竖井内地下水位降低到盾构机刀盘最低点以下，为常压开仓提供无水条件。

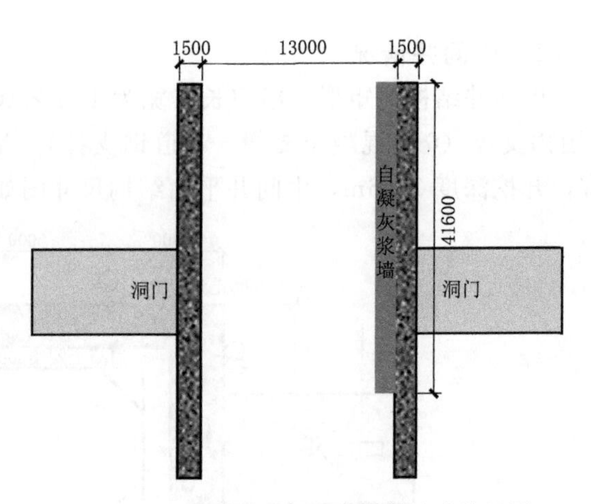

图 2-20　低强度混凝土墙纵剖尺寸位置图

(3) 常压进仓。在洞门封堵、降水完成后，即可开仓，进入泥水仓内对刀盘、刀具进行常压检查和更换。

(4) 更换盾尾刷。经过约 600m 的富水砂卵石地层的掘进，接下来要面临更大水压和更复杂的地质条件，有必要对盾尾刷进行更换，保证后续施工安全。

2.3.3　施工技术措施

2.3.3.1　地面破除

中间井地下连续墙施工时，建造了导墙，基坑内地面进行了混凝土硬化。由于低强度混凝土墙施工位置正好位于中间井原有导墙范围内，因此需要将垂直盾构轴线方向的原有地连墙内侧导墙全部破除。

2.3.3.2　低强度混凝土钢导墙施工

常规地下连续墙施工导墙均采用混凝土现浇。混凝土浇筑施工完成后需要等待混凝土强度达到要求后方能进行施工，为了加快施工进度，低强度混凝土墙导墙采用钢箱涵形式。将原有导墙破除后，开挖钢箱涵导墙范围内土方，采用预制钢导墙作为低强度混凝土墙成槽平台。

钢箱涵导墙宽度为 1.55m，长度为 10m，深度为 2m，钢箱涵采用 2cm 钢板制作，翼板与腹板连接处采用角钢连接。具体尺寸形状见图 2-21、图 2-22，现场施工如图 2-23 所示。

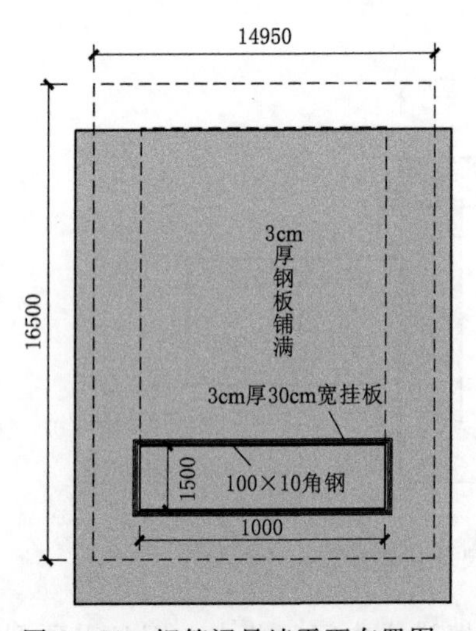

图 2-21　钢箱涵导墙平面布置图

2.3.3.3　低强度混凝土墙施工

低强度混凝土施工与常规地下连续墙施工一致。工序均为成槽、泥浆护壁、清底换浆、混凝土浇筑。其中要强调的是低强度混凝土的选择。低强度混凝土墙除需保证盾构机能常压开仓条件下，还需保证在后期土方开挖过程中能够较容易的开挖。因此，在进行混凝土浇筑前需进行混凝土配合比试验，确定合理混凝土强度。混凝土抗压强度宜为 C5。

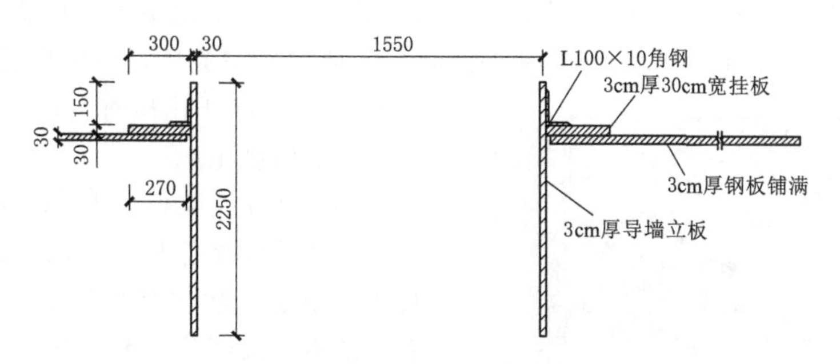

图 2-22 钢箱涵导墙剖面图

图 2-23 钢导墙现场施工图

2.3.3.4 盾构进井、封洞门、降水

1. 盾构进井

低强度混凝土墙施工完成后，根据混凝土试块水煮实验，得到混凝土强度发展曲线（图 2-24），可知混凝土浇筑完成 10d 后可达到设计强度要求。因此现场留置的 10d 同条件养护试块，根据试块抗压强度实验结果，确定盾构进井时间。

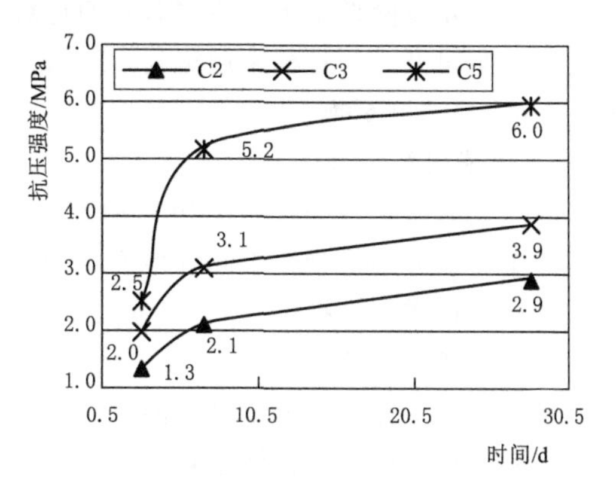

图 2-24 混凝土强度发展曲线

盾构进井后最终停机位置为盾构刀盘顶靠在出洞侧地连墙上。保证盾构刀盘全部进入低强度混凝土墙范围内。

2. 封洞门

盾构进入竖井后，需将盾尾处地连墙与管片间间隙封堵住，以阻隔地层中地下水进入竖井内。

(1) 同步注浆。同步注浆是填充通水空隙的第一道屏障，因此盾构机在掘进过程中必须进行好同步注浆施工。同步注浆范围在磨墙前 15 环开始，注浆量保证理论注浆量的 180%～250%控制。

(2) 二次注浆。进入竖井前 15 环为注浆环，当盾构进入竖井后，须对最后 15 环管片进行整环二次注浆，二次注浆位置为管片脱出盾尾 3 环开始注浆。二次注浆采用水泥-水玻璃双液浆，双液浆配合比为水：水泥＝1：1（质量比）；水泥浆：水玻璃＝1：1（体积比），二次注浆压力控制在 0.3～0.5MPa。洞门封堵注浆完成后，须对最后 15 环管片的所有点位进行开孔检查，确认无水无砂后，再进行后续施工。

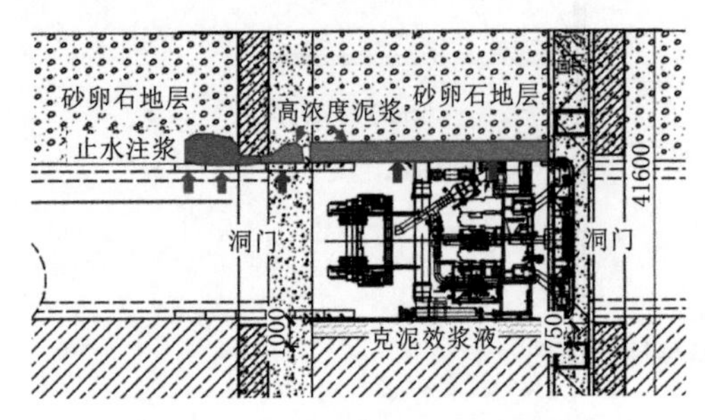

图 2-25　二次注浆盾尾保护示意图

（3）盾尾止浆板、盾尾刷保护。图 2-25 为二次注浆盾尾保护示意图。在二次注浆过程中，由于二次注浆机压力控制为脉冲式，有可能将双液浆注入到盾尾范围内，造成盾尾止浆板和盾尾刷污染和击穿，使得存在抱死盾尾和盾尾漏水的风险。因此在二次注浆的同时，通过脱出盾尾第一环管片的径向注浆口以及盾构机径向注浆口注入高浓度泥浆，以便防止二次注浆浆液注入到盾尾处。注浆压力与二次注浆压力一致。

3. 降水

在盾构机进入中间井内前，提前施作降水井，当盾构机进入中间井指定位置后，洞门封堵完成后，进行基坑内降水。降水主要有两个目的，一是检验封洞门止水效果，二是在洞门封死后，将竖井内的地下水位降至盾构机底部。

2.3.3.5　常压进仓

待地下水位降低至盾构机底时，通过观察泥水仓内液位计观察地下水位是否上升，若不上升，则可开仓门进行常压进仓，进行刀盘、刀具检修更换等工作。

2.3.3.6　盾尾刷更换

1. 盾尾刷更换原因

原计划盾构始发经过约 700m 砂卵石掘进后进入中间井后对盾尾刷进行更换。实际施工过程中，在盾构机到达中间井地连墙处时发生了盾尾底部漏浆情况，因此在中间井内，必须对盾尾刷进行更换。

2. 盾尾刷损坏原因

经过分析，存在以下 3 种可能原因造成盾尾刷损坏。

（1）隧道轴线小半径转弯较多，造成盾构机姿态不好控制及盾尾间隙较差，因而损坏盾尾刷。

（2）管片拼装造成盾尾间隙较差增加盾尾刷的磨损，并在管片拼装前未对盾尾杂物进行清理，造成盾尾刷损坏。

（3）在进入中间井前的带压换刀前盾尾二次注浆封堵止水造成盾尾刷损坏。

3. 盾尾刷更换施工

（1）盾尾刷更换位置选择。盾构机在中间内停机开仓位置为 597 环，此时推进油缸长 731cm，拼装机抓举头距离需要拆除管片吊装孔 15cm，无法拆除管片，盾构机油缸推进至 1628cm 时可更换两道盾尾刷，因而盾构机还需向前推进 897cm；盾构机刀盘距离盾构机刀盘出井距离为 720cm，且井外地下水压超过 0.25MPa，已不满足盾构机向前推进 897cm 的要求。

(2) 拼装机改造。拼装机改造前先拆除第 598 环管片并运至地面。割除拼装机平移油缸定位块，将拼装机平移油缸向台车方向移动 30cm，方便第二环管片的拆除。

(3) 验证管片止水效果。构机盾尾后部管片开孔验证是否有外来水，当管片注浆孔打开有外来水时注入聚氨酯进行封堵，直到封堵完成才可拆除第 577 环管片进行盾尾刷更换。

(4) 盾尾刷拆除方法。第 577 环 K 块拆除方法一：提前拆除管片螺栓之后采用拼装机直接拆除，因为第 577 环已拼装成圆并且盾构机推进 2 环后整体受力较大直接拆除较为困难。方法二：拆除 K 块螺栓以后，将三角钢板放入 577 环与 576 环管片连接缝，并采用千斤顶将三角板顶入，达到 K 块与 576 环分离；此过程一定要用拼装机将 K 块抓住，防止 K 块泄劲以后掉落。方法三：以上两种方法不能拆除时，采用风炮凿除 K 块与相邻块边角，此过程不能将全部管片螺栓拆除，防止 K 块掉落，在管片凿除时要对盾构机底部推进油缸进行保护，防止凿除下来的混凝土损坏推进油缸。

在拆除 K 块后依次拆除两个 B 块及 A1 与 A3 块更换盾尾刷留下 A2 块，防止盾构机后退；等待其他位置尾刷更换完成后，先拼装 A1 块管片后在拆除 A2 块进行尾刷更换。

(5) 盾尾刷更换要求。在每块管片拆除盾尾刷暴露后，首先将密封刷及沟槽上的油脂等杂物清除干净，再开始拆除螺栓固定的盾尾刷，按照先更换第 2 道再更换第 1 道盾尾刷的原则，尽快完成盾尾刷的更换，缩短盾尾刷暴露时间，油脂孔位置安装专用盾尾刷，按照螺栓孔位置安装盾尾刷，位置对准后安装并紧固螺栓，相邻盾尾刷后弹簧保护板依次搭接安装，检查螺栓紧固情况达标，保证安装质量。在最后一块安装时，尾刷经过仔细量测后按尺寸切除，确保两块尾刷之间有足够搭接长度。

(6) 涂刷盾尾油脂。盾尾刷拆除、安装完成后检查此处盾尾注脂管路，手动注脂，若在油脂系统不存在故障的情况下，此油脂孔无油脂流出，则此路油脂管路堵塞，必须进行疏通。为节省盾尾刷更换完成后的油脂涂抹时间，每块管片区域的新盾尾刷在安装前，先预涂 WR90 手涂油脂，涂抹时分层将钢丝刷拨开后填入油脂，涂抹后每层油脂填塞饱满，不掉落、不漏涂，安装完成后再进行局部盾尾油脂补涂。尾刷更换完成后腔体内部人工补充盾尾油脂后再拼装管片，以减少管片安装完成后的注油脂时间。油脂涂抹完成后立即进行该区域的管片恢复安装。在管片进行二次拼装时，需确认千斤顶撑靴已经顶住管片，镙栓安装完成后，方可松开拼装机，管片拼装的时候，可挤压，不要摆动，避免损坏弹簧钢板。

尾刷更换完成，第 577 环管片拼装完成后，及时对盾尾刷腔体尤其是新更换的两道盾尾刷腔体进行压注油脂，油脂仓油压达到 6bar 时满足密封要求，达到保护盾尾刷的作用，为恢复掘进提供保证条件。并及时拼装第 578 环管片，恢复掘进。

2.3.4 盾构过井不开挖常压进仓施工注意事项

(1) 采取该施工工艺进行常压开仓，应在中间竖井围护结构施工完成后进行，且围护结构具有止水帷幕的作用，最好为可将基坑内外地下水联系通道完全隔离的落地式止水帷幕。若不具备落地式止水帷幕条件，例如为悬挂式止水帷幕，则需要利用基坑加固隔水或利用基坑内降水将基坑内地下水位降低至盾构机底部。

（2）低强度混凝土墙的厚度需大于刀盘厚度，保证刀盘上部空间稳定安全。

（3）低强度混凝土墙混凝土强度在满足结构稳定前提下应尽可能低，保证在基坑开挖过程中可以较轻松破除。

（4）盾构机进入井内制定位置时，应确认刀盘已全部进入低强度混凝土墙内。可通过对刀盘扭矩、推力、后场渣土情况综合分析。

（5）封洞门时应加强盾尾管片与中盾高浓度膨润土注浆，保证管片二次注浆封洞门的双液浆不污染盾尾刷，不抱死盾尾。

（6）在基坑内降水之前，需将注浆的管片开孔，观察地下水渗漏情况，保证洞门封堵效果，隔绝内外地下水水力联系。通过基坑降水井水位辅助观察洞门封堵效果。

2.4　本　章　小　结

本章主要对敏感城区狭小环境影响下泥水盾构施工技术进行研究，论述了城市场地限制条件下的泥水处理设备配置、富水砂卵石地层泥水盾构分体始发和富水砂卵石地层泥水盾构过井不开挖常压进仓施工等关键技术，相关结论如下。

（1）在城市场地限制条件下，若始发井附近没有条件提供泥水处理场地，可通过延长管路贯穿临标隧道的方法，将泥水处理设备设置在临标场地内。

（2）在临标既有隧洞已完成二衬混凝土浇筑、不允许破坏二衬混凝土的情况下，可采用槽钢、方管等型钢支架对泥浆管路进行架设，此时需特别注意管路的固定问题，减少接头漏浆。

（3）富水砂卵石地层泥水盾构分体始发施工主要可分为大部分，分别是洞门密封建仓、盾构掘进-台车转接施工、二次转接断电情况下保压，其关键技术可概括为以下几个方面：

1）在洞门密封建仓时，为满足短套筒密封性要求，短套筒与端墙预埋L型钢板应满焊，同时需保证L型钢板的预埋钢筋长度和型号满足分体始发时泥浆压力对其向外的拉力；为满足短套筒与盾构机之间的密封性要求，可采用两道钢丝刷＋一道卷帘布压板的密封形式。为满足油脂及时补注要求，可在帘布渗漏点附近油脂注入孔补注油脂，直到渗漏点不再渗漏为止。

2）盾构掘进-台车转接施工需提前做好台车井上、井下布置，减少台车位置转换次数，及时确定P21泵位置，合理使用硬连接（焊接）和软连接形式，合理使用配备接管器的台车，减少人工接管的环节，准确计算最后台车二次转接时盾构机需掘进距离，保证台车转接安装时空间足够，保证转接前盾构大电电缆长度满足盾构掘进需求。

3）二次转接断电情况下掌子面保压主要采取三步骤措施：①较高黏度和密度泥浆渗透；②高黏度泥浆置换泥水仓较低黏土泥浆形成泥膜；③压力降低一定数值后利用二次注浆机进行高浓度泥浆补给。

（4）与泥浆-泥膜的滤水量对比发现，在0.16MPa、0.3MPa、0.44MPa 3组不同成膜压力下，清水-泥膜滤水量均呈现快速增加的趋势，其滤水量远大于泥浆-泥膜。这表明长时间断电停机、泥浆不循环工况下，压力舱上部出现清水对于开挖面维持稳定不利。

（5）富水砂卵石地层泥水盾构过井不开挖常压换刀施工关键技术可总结为 4 点：①提前施作低强度混凝土墙；②刀盘全部进入到低强度混凝土墙内；③将因刀盘磨穿的地连墙与管片之间的空隙封堵住；④将竖井内地下水位降低到盾构机刀盘最低点以下，为常压开仓提供无水条件。

第 3 章　复杂地层条件下泥水盾构高效掘进技术研究

3.1　泥水盾构高效掘进参数分析

3.1.1　盾构施工"三参数"分析方法

盾构施工参数是受地质条件、线路设计、盾构机设备、盾构司机操作等多因素影响后的综合反映。盾构机掘进过程中主要是刀盘刀具切削地层岩土，此过程决定着盾构施工参数的变化。其中主要的参数有总推力、刀盘扭矩、掘进速度，余下例如贯入度等参数可通过上述参数计算得到。而实际现场施工过程中，也主要是观察总推力、刀盘扭矩、掘进速度三个参数。本书定义一个新的概念："盾构施工动态"。根据影响盾构施工动态类型的主导因素进行分类，可分为"正常型""刀盘型""单一型""三参数"变化趋势如图 3－1～图 3－3 所示。

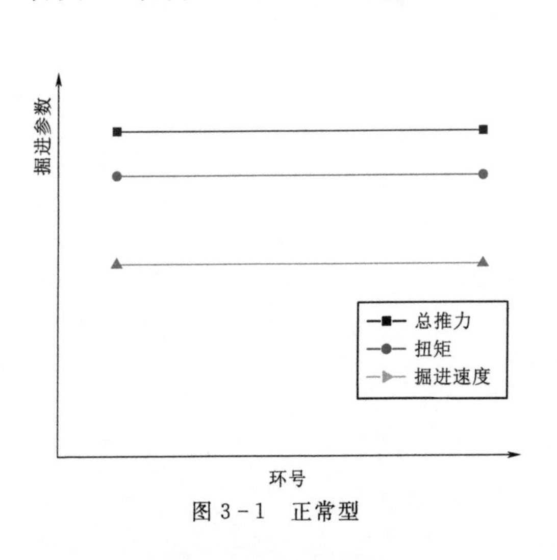

图 3－1　正常型

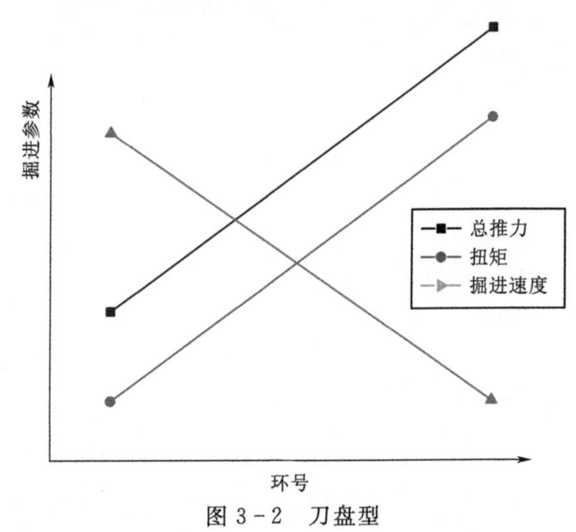

图 3－2　刀盘型

3.1.1.1　小半径曲线段转弯对"三参数"变化的影响

盾构在小半径曲线段掘进时，由于推进千斤顶需提供更大的推力以实现盾构机转弯的目的，因此，当掘进速度保持不变时，与直线段相比，盾构总推力将显著增大，但刀盘扭矩无明显变化，故"三参数"将呈现出推力单一增长的单一型动态变化类型，在此以 680～780 环和 800～1050 环掘进过程实测数据为例，对小半径曲线段转弯时"三参

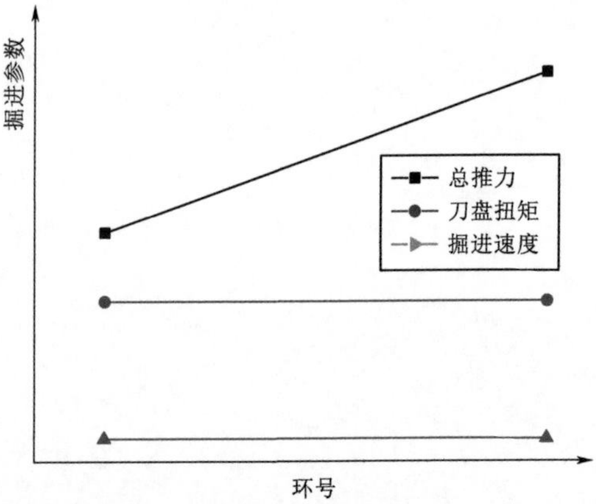

掘进参数
总推力
刀盘扭矩
掘进速度
环号

图 3－3　单一型

数”动态变化进行分析。

由图3-4可知，在680～710环掘进过程中，地层为砂卵石地层，推力在17000kN附近波动，扭矩在700kN·m附近波动，掘进速度维持在25mm/min左右，“三参数”表现为正常型动态类型。掘进至710环后进入上软下硬地层，且盾构进入曲线段，由于需要克服盾构转弯阻力，推力持续增加，最大上升到25000kN，刀盘扭矩维持在1100kN·m附近，“三参数”变化符合单一型动态类型。745环后，盾构进入缓和曲线段，且进入全断面硬岩地层，推力和扭矩均维持在较高水平，不在变化，在755环进行开仓检查，发现39A、39B、40A、40B 4个刀位滚刀磨损量在9mm左右，其余刀位滚刀磨损量均小于3mm，表明此时刀具磨损对掘进参数的影响较小，对其4把滚刀进行更换后，扭矩推力均无明显变化，“三参数”动态变化表现为正常型。

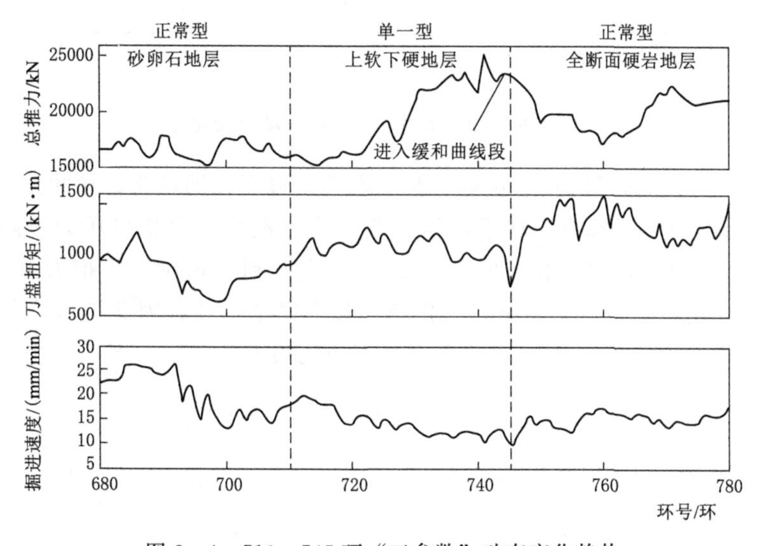

图3-4 710～745环“三参数”动态变化趋势

由图3-5可知，在800～880环掘进过程中，推力在14000kN附近波动，扭矩在1000kN·m附近波动，掘进速度维持在10mm/min左右，“三参数”表现为“正常型”动态类型。掘进至875环后盾构进入小半径曲线段，推力持续增加，最大上升到22000kN，刀盘扭矩维持在1100kN·m附近无明显变化，“三参数”变化符合单一型动态类型，990环后，盾构进入缓和曲线段，推力下降后保持平稳，“三参数”动态变化表现为“正常型”。

3.1.1.2 水土压力变化对“三参数”变化的影响

在盾构施工中，由于地层变化导致的掘进参数改变已十分常见，但高水压地层中地下水压突变导致的掘进参数变化仍不多见，在此选取580～650环掘进过程实测数据，对高水压地层地下水压突变时“三参数”动态变化进行分析。

如图3-6所示，在580～590环掘进过程中，泥水仓压力维持在0.28MPa左右，推力维持在15000kN，扭矩维持在1000kN·m，“三参数”表现出明显的单一型动态变化趋势，该掘进区间处于直线段，且通过后续开仓检查发现该区间刀具磨损量均不超过2mm，

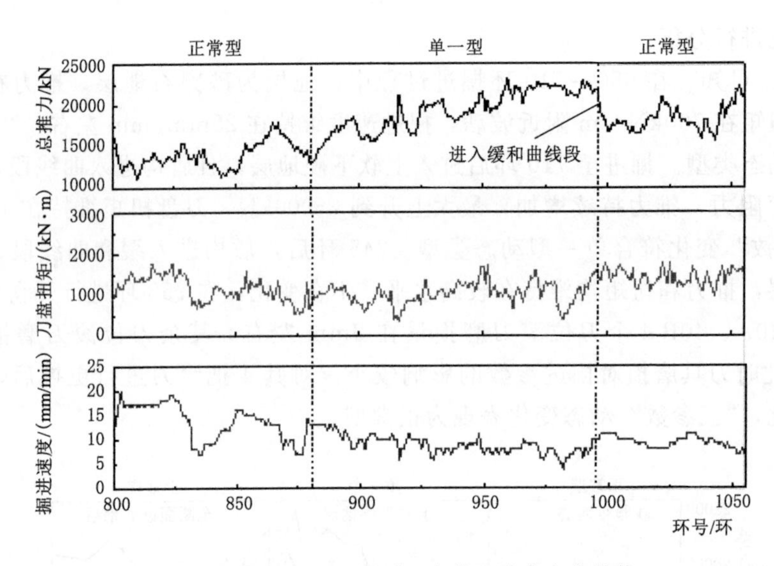

图 3－5　800～1050 环“三参数”动态变化趋势

因此可排除盾构转弯和刀具磨损对掘进参数的影响。分析原因认为，在此掘进区间，盾构以 21‰的坡度沿纵向向下掘进，地下水压不断变大，泥水仓内切口压力也随之增加，在 591～632 环掘进过程中，泥水仓压力由 0.28MPa 上升到 0.35MPa，推力由 1200kN 上升到 2500kN，其变化趋势与泥水仓压力变化趋势几乎完全一致，因此可认为是水土压力变化导致“三参数”呈现出推力持续变大的单一型动态变化。

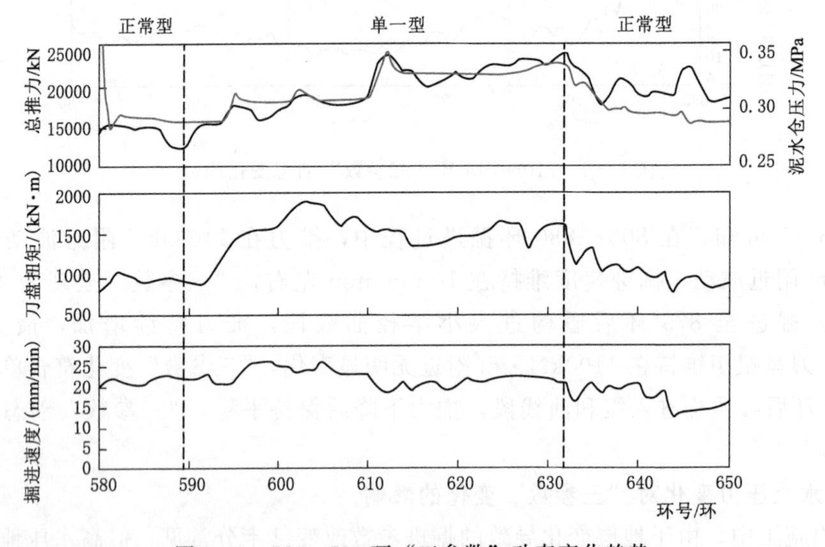

图 3－6　580～590 环“三参数”动态变化趋势

3.1.1.3　刀盘泥饼对“三参数”变化的影响

盾构在含黏土地层中掘进时，盾构刀盘切削下来的细小黏土颗粒、碎屑，在刀盘挤压作用下重新聚集形成半固结和固结状的块状体，黏附在刀盘表面，堵塞刀盘开口、同时导致滚刀启动扭矩曾大无法自转，推力和扭矩急速增加，严重影响施工进度，在此选取 0～400 环掘进过程实测数据，对刀盘结泥饼时“三参数”动态变化进行分析。

由图 3-7 图可知，在 0～145 环掘进过程中，地层均为砂卵石地层，推力在 8000kN 附近波动，扭矩在 500kN·m 附近波动，掘进速度维持在 25mm/min 左右，“三参数”表现出正常型动态类型。掘进至 145 环后，进入砂卵石夹黏土地层，开挖面开始形成泥饼黏附在刀盘上，在 145～312 环推进过程，刀盘泥饼持续形成，推力由 8000kN 上升到 18000kN，扭矩由 500kN·m 上升到 35000kN·m，推进速度由 30mm/min 降低到 10mm/min。在推进速度缓慢下降的同时，“三参数”呈现出明显的刀盘型动态类型。由于推力和扭矩过高，开仓检查发现刀盘开口已全部被泥饼糊死，因此采用分散剂分别在 312 环和 322 环处进行泡仓处理，从参数变化趋势来看，泡仓处理效果较好，推力和扭矩下降明显，“三参数”再次回到正常型动态类型。

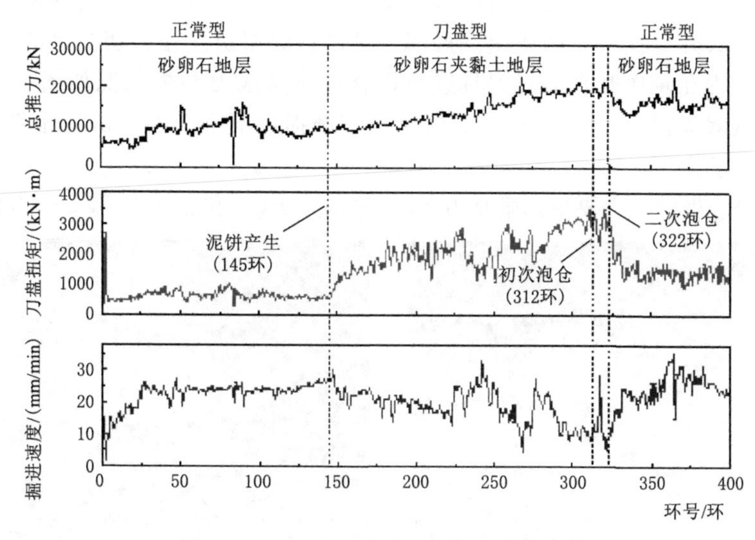

图 3-7　0～400 环“三参数”动态变化

由于长时间停机、泡仓后泥饼缓慢分解等因素影响，刀盘推力和扭矩的下降存在约 10 环滞后（盾体长 10.5m），因此假定泡仓处理前 3 环为刀盘完全糊死状态，泡仓处理后掘进 10 环之后的 3 环为正常掘进状态，则掘进参数增幅为：

由图 3-7 可知，在 0～145 环掘进过程中，地层均为砂卵石地层，推力在 8000kN 附近波动，扭矩在 500kN·m 附近波动，推进速度维持在 25mm/min 左右，“三参数”表现出正常型动态类型。掘进至 145 环后，进入砂卵石夹黏土地层，开挖面开始形成泥饼黏附在刀盘上，在 145 环至 312 环推进过程，刀盘泥饼持续形成，推力由 8000kN 上升到 18000kN，扭矩由 500kN·m 上升到 35000kN·m，推进速度由 30mm/min 降低到 10mm/min。在推进速度缓慢下降的同时，“三参数”呈现出明显的刀盘型动态类型。由于推力和扭矩过高，开仓检查发现刀盘开口已全部被泥饼糊死，因此采用分散剂分别在 312 环和 322 环处进行泡仓处理，从参数变化趋势来看，泡仓处理效果较好，推力和扭矩下降明显，“三参数”再次回到正常型动态类型。

由于长时间停机、泡仓后泥饼缓慢分解等因素影响，刀盘推力和扭矩的下降存在约

10 环滞后（盾体长 10.5m），因此假定泡仓处理前 3 环为刀盘完全糊死状态，泡仓处理后掘进 10 环之后的 3 环为正常掘进状态，则掘进参数增幅为

$$\eta=\frac{X_{i-1}-X_i}{X_i} \tag{3-1}$$

式中：X_i 为泡仓后掘进第 11～13 环的参数均值；X_{i-1} 为泡仓前 3 环参数均值。

计算可得，刀盘被泥饼糊死导致的推力增幅为 58%，扭矩增幅为 126.7%。可见，在刀盘泥饼影响下，“三参数”变化将呈现出推力、扭矩增加，掘进速度减小的刀盘型动态变化趋势，同时，在该工况下，扭矩增幅远大于推力增幅，约为推力增幅的 2 倍。

3.1.1.4　刀具磨损状态对“三参数”变化的影响

在盾构掘进过程中，刀具磨损情况与掘进参数之相互影响，掘进参数影响刀具磨损的快慢，刀具磨损后又通过掘进参数表现出来，现有研究大多集中在选取合理的推进速度减小刀具磨损，而实际工程中往往保持推进速度不变，通过推力、扭矩的变化来判断刀具磨损情况，以便及时开仓换刀，防止出现局部刀具严重磨损引发相邻切割轨迹上刀具大量磨损的情况。本工程在每次开仓后对刀具进行检查，典型滚刀磨损情况如图 3-8 所示，主要有正常磨损（磨损量小于 15mm）、正常磨损（磨损量不小于 15mm）、偏磨、刀圈或刀齿断裂 4 种磨损状态。

在滚刀破岩过程中，主要受到垂直力 F_V、滚动力 F_R、和侧向力 F_S 3 个方向的作用力，

(a) 正常磨损(磨损量小于15mm)

(b) 正常磨损(磨损量不小于15mm)

(c) 偏磨

(d) 刀圈或刀齿断裂

图 3-8　典型滚刀磨损情况

如图 3－9 所示。其中单把垂直力 F_V 是刀盘整体推力 T 的细观表现，单把滚刀滚动力 F_R 是刀盘整体扭矩 M 的细观表现，滚刀破岩时刀具磨损情况直接影响 3 个方向受力的大小，尤其是垂直力 F_V 和滚动力 F_R，进而通过刀盘扭矩和推力变化趋势反映出来。因此，在实际工程中，可以通过“三参数”动态变化趋势，推测刀具磨损状态，及时开仓换刀。

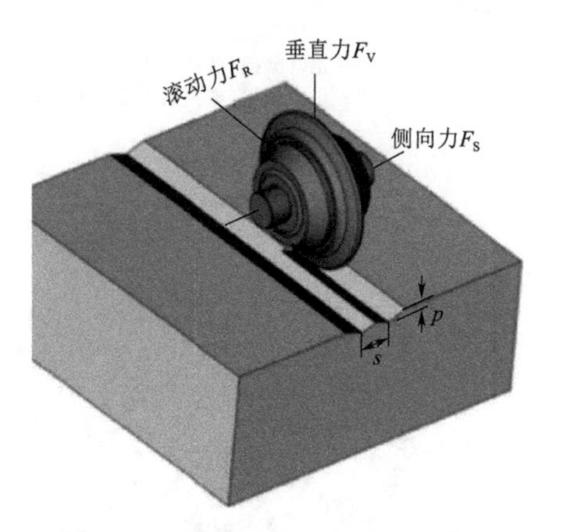

图 3－9　滚刀破岩三向受力示意图

1. *滚刀正常磨损状态下“三参数”动态变化*

在盾构掘进过程中，刀具磨损无法避免，最理想掘进状态是以最小的刀具磨损量换取最大的掘进距离，掘进过程中应尽量避免滚刀偏磨、刀圈或刀齿断裂等非正常磨损，尽可能让滚刀以正常磨损状态破岩，待滚刀正常磨损量超过一定范围后，及时开仓换刀。在此以 1220～1280 环掘进过程实测数据为例，对大量滚刀正常磨损状态下时破岩“三参数”动态变化进行分析。

由图 3－10 可知，在 1220～1280 环掘进过程中，“三参数”变化呈现出明显的推力增大的单一型动态变化特征。自 1238 环始，盾构推力呈现出逐渐上升的趋势，从 1200kN 左右上升到 2200kN，刀盘扭矩无明显变化，在 1256 环开仓对刀具进行检查，刀具磨损情况如图 3－11 所示，29 把滚刀处于正常磨损且磨损量小于 15mm 的状态，占比 69.05%，5 把滚刀处于正常磨损，且磨损量大于 15mm 的状态，分别为 32 号、34 号、35 号、37 号、40B 号刀位，占比 11.9%，5 把滚刀处于偏磨状态，占比 11.9%，3 把滚刀处于刀圈断裂或者刀齿脱落状态，占比 7.41%。

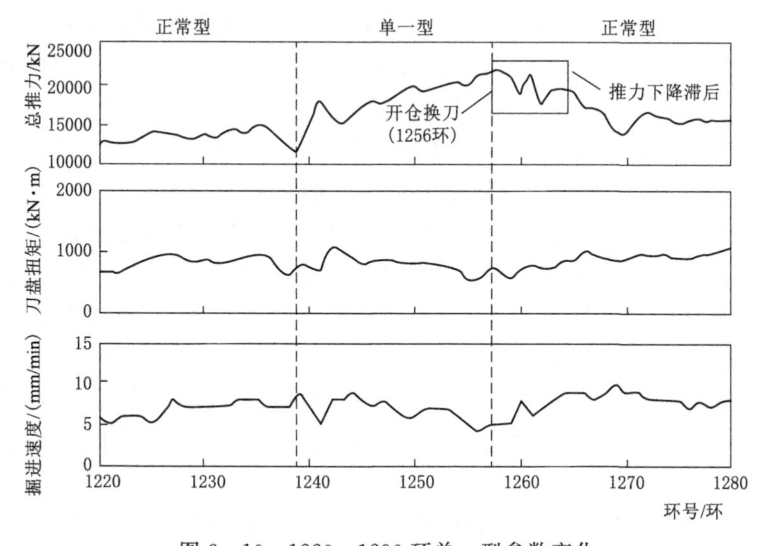

图 3－10　1220～1290 环单一型参数变化

对磨损量超过 15mm 和非常磨损滚刀进行更换后，推力缓慢下降，扭矩无明显变化，“三参数”逐渐恢复到正常型。由此可见，当刀盘上大量滚刀以正常转动状态破岩时，随

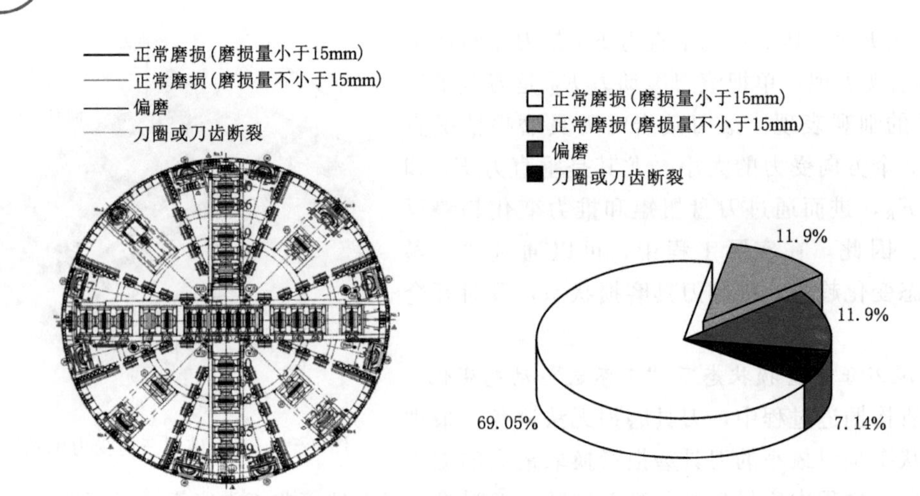

图 3-11　1256 环开仓后刀具磨损情况 5 把磨光更换

着刀具磨损加剧，“三参数”通常变现为推力变大的单一型动态变化特征，由式（3-1）计算得此工况下推力增幅约为 41.6%。

分析原因认为，首先，伴随着滚刀正常磨损的发生，刀刃形状发生改变，滚刀刃宽和刃角都变大，单把滚刀破岩法向力变大，由此导致盾构推力变大。其次，由于边缘滚刀切削迹长较大，故通常磨损较为严重，导致开挖面切削半径变小，盾体与岩土体之间的摩擦阻力变大，由此导致盾构推力变大，这一点从开仓换刀后推力下降存在明显的滞后现象也可看出。最后，单把滚刀受到的切向力主要由其启动扭矩决定，滚刀正常磨损对启动扭矩并无影响，因此正常磨损状态下刀盘扭矩将无明显变化。

2. 滚刀偏磨状态下“三参数”动态变化

滚刀偏磨是由于滚刀切削地层时地层提供的切向力无法使滚刀启动自转，刀具滚刀局部严重磨损的现象，在此以 1055～1090 环和 1280～1320 环掘进过程实测数据为例，对大量滚刀偏磨破岩状态下“三参数”动态变化进行分析。

由图 3-12 可知，在 1055～1090 环掘进过程中，“三参数”变化呈现扭矩增大的单一型动态变化特征。自 1065 环始，盾构扭矩呈现出明显的上升趋势，从 1500kN·m 上升到 2500kN·m 左右，推力无明显变化，在 1075 环开仓对刀具进行检查，刀具磨损情况如图 3-13 所示，22 把滚刀处于正常磨损状态且磨损量小于 15mm，占比 52.38%，2 把滚刀处于正常磨损状态且磨损量大于 15mm，占比 4.76%，12 把滚刀处于偏磨状态，占比 28.57%，3 把滚刀处于刀圈断裂或刀齿脱落状态，占比 14.29%。

对磨损量大于 15mm 和非正常磨损状态的滚刀进行更换后，扭矩迅速下降至正常水平，推力无明显变化，“三参数”恢复到正常型，由式（3-1）计算得此工况下扭矩增幅约为 261.51%。

在 1280～1320 环推进过程中，同样出现的滚刀偏磨的问题。由图 3-14 可知，在 1280 到 1320 环掘进过程中，“三参数”变化呈现明显的扭矩增大的单一型动态变化特征。自 1280 环始，盾构扭矩呈现出明显的上升趋势，从 1000kN·m 上升到 1500kN·m 左右，推力无明显变化，在 1296 环开仓对刀具进行检查，刀具磨损情况如图 3-15 所示，

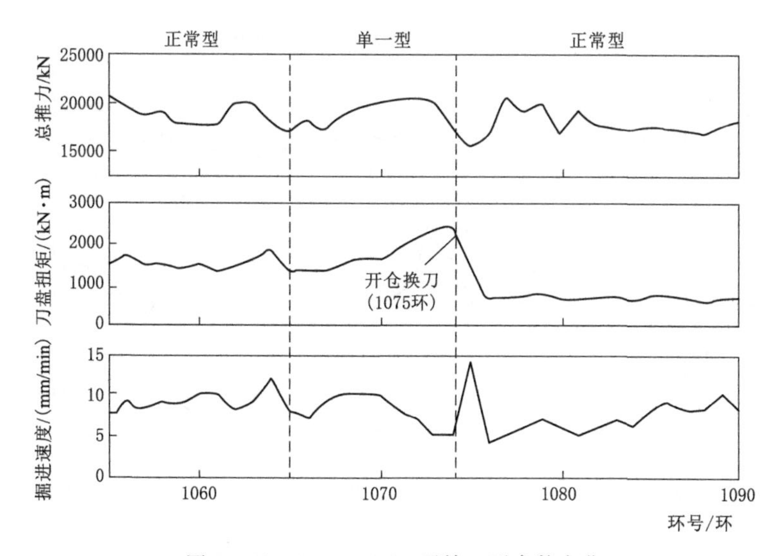

图 3-12　1055～1090 环单一型参数变化

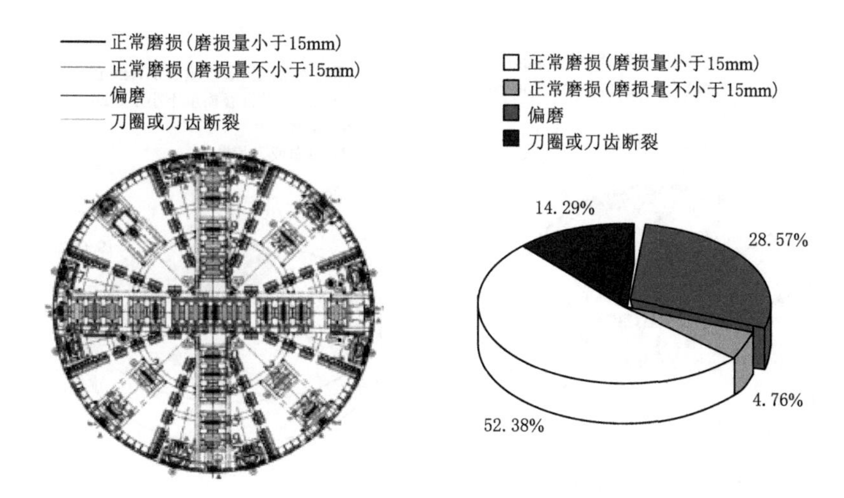

图 3-13　1075 环开仓后刀具磨损情况

27 把滚刀处于正常磨损状态且磨损量小于 15mm，占比 64.29%，3 把滚刀处于正常磨损状态且磨损量小于 15mm，占比 7.14%，8 把滚刀处于偏磨状态，占比 19.05%，4 把滚刀处于刀圈断裂或刀齿脱落状态，占比 9.52%。

对磨损量大于 15mm 和非正常磨损状态的滚刀进行更换后，扭矩迅速下降至正常水平，推力无明显变化，“三参数”恢复到正常型，由式（3-1）计算得此工况下扭矩增幅约为 55.85%。

分析原因认为，当滚刀以偏磨状态破岩时，滚刀不再自转，此时单把滚刀破岩切向力会变大，当刀盘上的大量滚刀处于偏磨状态时，则表现为刀盘推力无明显变化，扭矩持续增加。在 1055～1090 环和 1280～1320 环两个掘进区间，“三参数”变化均表现为扭矩增大的单一型变化趋势，且开仓换刀后均表现为扭矩下降推力无明显变化，在 1280～1320

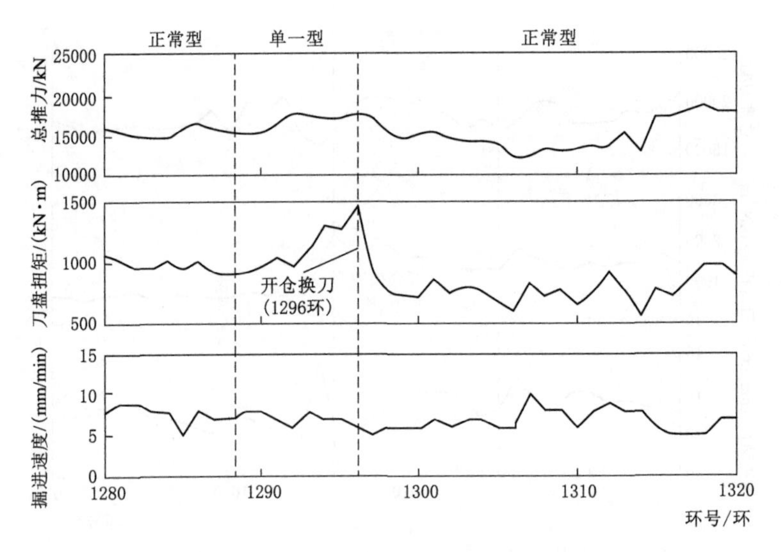

图 3-14 1280～1320 环单一型参数变化

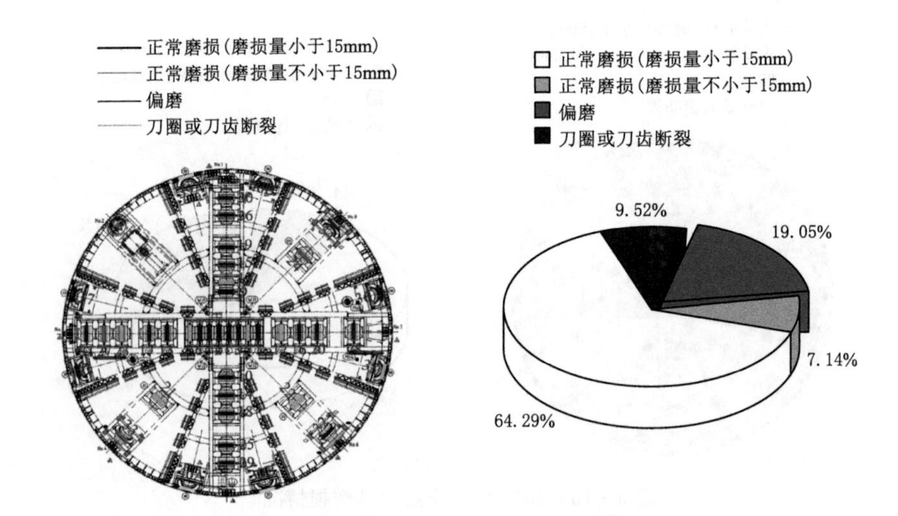

图 3-15 1296 环开仓检查刀具磨损情况

环偏磨滚刀占比 19.05%，扭矩增幅 55.85%，在 1055～1090 环，偏磨滚刀占比 28.57%，扭矩增幅 261.51%，可见大量滚刀以偏磨状态破岩对刀盘扭矩影响极大。

3. *滚刀正常磨损和偏磨同时发生的“三参数”动态变化*

滚刀正常磨损和偏磨同时发生是盾构掘进过程中最常见的刀具磨损状态，通常表现为中心滚刀由于切向力不足以使滚刀启动自转而大量偏磨，边缘滚刀由于切削迹长较大因此磨损量较大，在此以 1110～1180 环掘进过程实测数据为例，对滚刀正常磨损和偏磨同时状态下“三参数”动态变化进行分析。

由图 3-16 可知，在 1110～1180 环掘进过程中，“三参数”变化呈现推力和扭矩增大、速度降低的刀盘型动态变化特征。自 1128 环始，盾构扭矩和扭矩呈现出明显的上升趋势，推力由1300kN上升到1900kN左右，扭矩由700kN·m上升到约1200kN·m，在1296环开仓对刀具进行检查，刀具磨损情况如图3-17所示，25把滚刀处于正常磨损状态且磨损量小于15mm，占比59.52%，6把滚刀处于正常磨损状态且磨损量大于15mm，占比14.29%，9把滚刀处于偏磨状态，占比21.43%，2把滚刀处于刀圈断裂或刀齿脱落状态，占比4.76%。

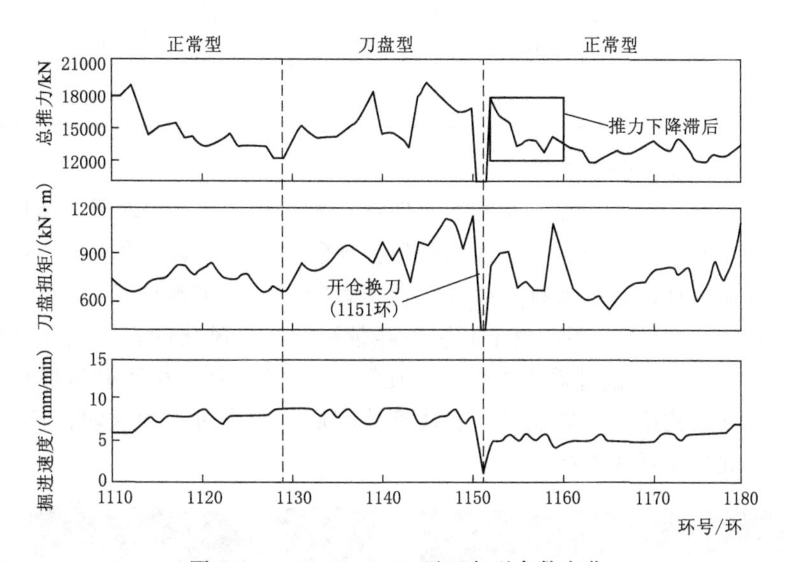

图3-16 1110～1180环刀盘型参数变化

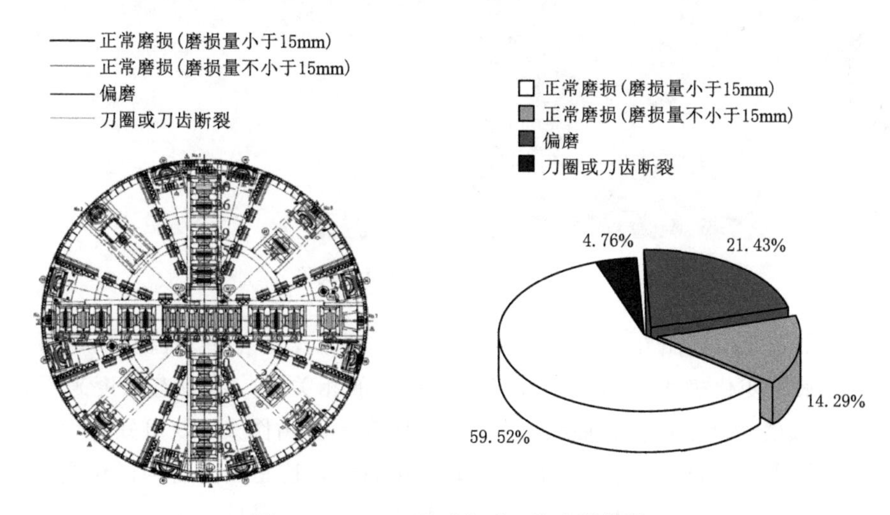

图3-17 1151环开仓后刀具磨损情况

对磨损量大于15mm和非正常磨损状态的滚刀进行更换后，推力和扭矩均迅速下降至正常水平，“三参数”恢复到正常型，由式（3-1）计算得此工况下推力增幅约为36.57%，扭矩增幅约为80.89%。

对4次开仓换滚刀损伤和“三参数”变化进行汇总，见表3-1。

表3-1　　4次开仓换刀滚刀损伤与“三参数”变化统计

环号/环	“三参数”变化类型	磨损量小于15mm占比	磨损量不小于15mm占比	推力增幅	偏磨占比	扭矩增幅
1256	推力单一型	69.05%	11.90%	41.60%	11.90%	—
1075	扭矩单一型	52.38%	4.76%	—	28.57%	261.51%
1296	扭矩单一型	64.29%	7.14%	—	19.05%	55.85%
1151	刀盘型	59.52%	14.29%	36.57%	21.43%	80.89%

3.1.2　多尺度参数瞬态分析方法

盾构在掘进时容易对地层原始状态造成破坏，尤其在软硬不均地层，造成的地层损失更大，更容易引起开挖面失稳。开挖面的失稳会导致大粒径岩块积聚在泥水舱和分流器等处，从而易引起泥水环流系统滞排。团九二期工程断层破碎带地层长达550m，且部分区段风化严重。在第686～745环，由于断层破碎带影响，全风化砂岩形成黏土球，引起环流系统滞排（图3-18），掘进效率极低下。在第805～836环，由于砂岩层理、节理较发育，同时在断层和盾构施工的影响下，岩块整体在盾构掘进过程中大块掉落，造成格栅、破碎机堵塞，引起环流系统滞排。

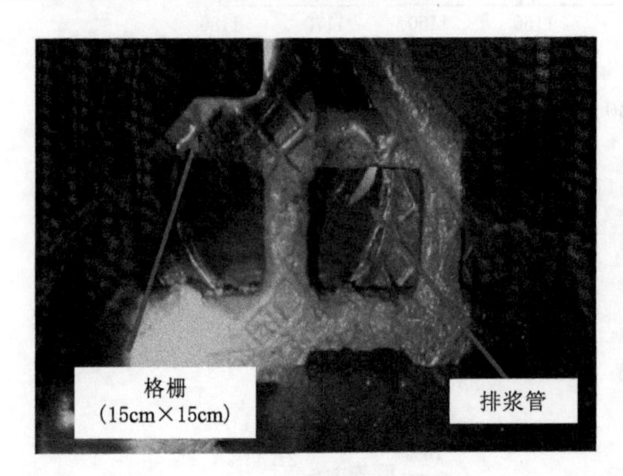

图3-18　排浆管渣石滞排现象

从大尺度来看，根据团九二期工程第650～982环水压变化平均值分析，可以发现在断层破碎带处水压变化极大，与地层变换存在极大的相关性，从瞬态尺度来看，每环取60个切口水压数值绘制水压变化曲线，如图3-19所示。由图3-19可知，切口水压在断层破碎带、风化硬岩层等软硬不均地层中波动幅度较大，这是因为盾构机在这些区段的掘进过程中产生了风化黏土球或大粒径岩渣，从而造成盾构机滞排，而在砂卵石地层中波动幅度是最小的。按照掘进方向，出现的地层依次为砂卵石地层、砂卵石－硬岩混合地层（上软下硬）、第一次全（强）风化地层、第一次强（中）风化地层、第二次全（强）风化层、第二次强（中）风化地层。在泥水处理厂对泥浆数据进行实测，发现在砂卵石地层中泥浆密度变化稳定，保持在1.1g/cm^3，进入断层破碎带中，泥浆密度增大，可达1.20～1.25g/cm^3，黏度为28s。在上软下硬地层、断层1和断层2中，泥浆密度波动大。分析其原因为以下两点：一是人为主动控制，调高泥浆密度，增强泥浆的挟渣能力，避免大量黏土球在泥水舱和格栅处造成堵塞从而引起环流系统滞排；二是上软下硬地层以及断层破碎带部分岩渣被泥浆携带进泥浆池，造成泥浆密度增大。

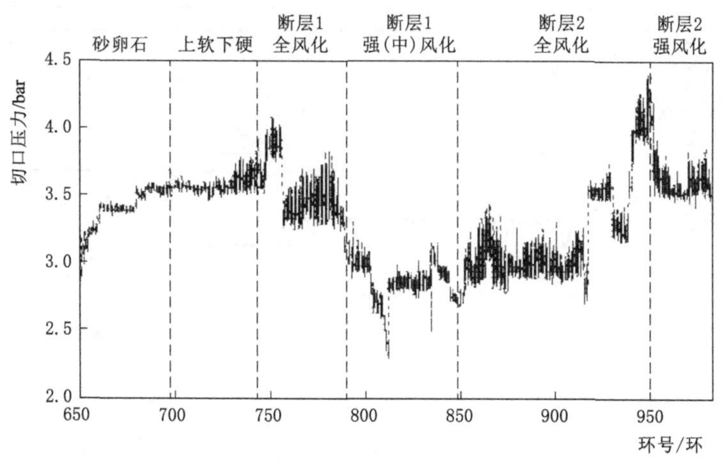

图 3-19　650～982 环切口水压变化趋势

水压波动与滞排分区如图 3-20 所示。在掘进过程中，若发生滞排，则降低推进速度，环流系统则继续进行携渣，直到排浆管路处渣石不在堆积后重新提高推进速度。由此导致刀盘切口水压、排浆泵压力和推进速度处于动态变化的过程，在无滞排工况下，刀盘水压和排浆管压力处于比较稳定的状态，基本保持不变。在存在滞排工况下，刀盘水压和排浆管压力处于波动，但是波动幅度较小，在严重滞排工况下，刀盘水压和排浆管压力波动幅度极大。为便于施工管理，提高盾构掘进效率，采用对滞排现象最敏感的排浆泵入口水压方差对滞排程度进行分区，结合推进过程实际情况，定义方差为 0～0.05 时本环无滞排，为 0.05～0.10 时存在滞排现象，大于 0.1 时则认为本环推进过程中严重滞排，当存在滞排现象时则及时调整泥浆参数，提高掘进效率。

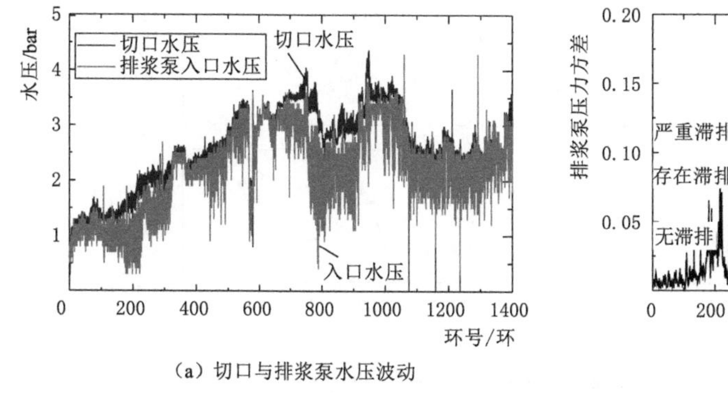

(a) 切口与排浆泵水压波动

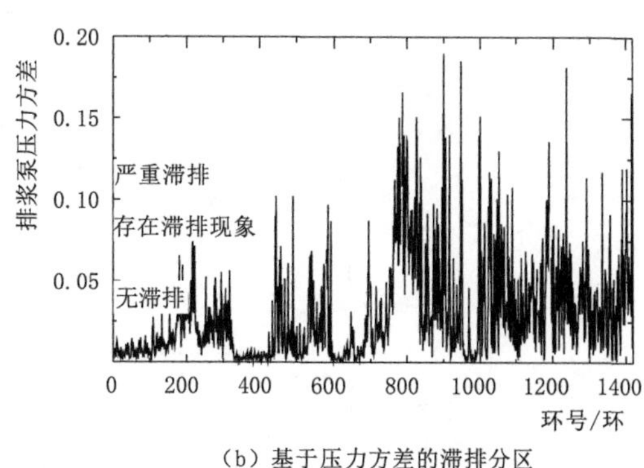

(b) 基于压力方差的滞排分区

图 3-20　水压波动与滞排分区

以 1313 环、1290 环和 1356 环掘进过程为例展现了不同工况下水压瞬态变化情况，如图 3-21 所示。

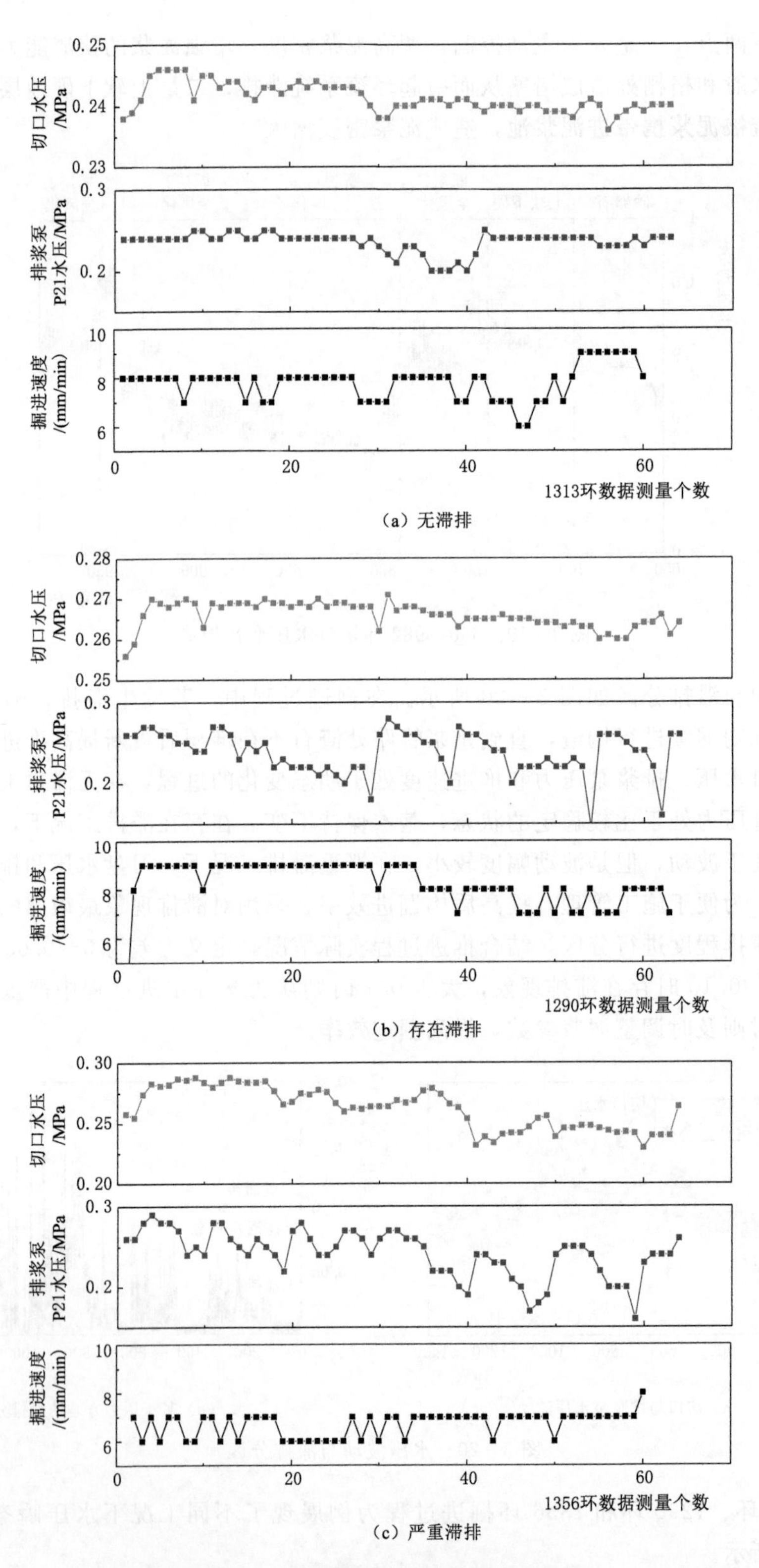

（a）无滞排

（b）存在滞排

（c）严重滞排

图 3-21　不同滞排程度下压力波动情况

3.2 复杂地质条件泥水盾构高效掘进分析模型

泥水盾构施工涉及土建、机械、地质、液压、气压、电力、泥浆、流体等多专业协作的综合性系统施工。因此，每一方面的变化都可能会影响到其他各方面，使得各参数发生变化。尤其是面对复杂地质条件，可能在很短距离内，甚至是几环之间地质条件就会发生深刻变化，这将影响盾构施工整个系统。盾构施工的参数控制和采取的措施也需要相应调整。针对这种情况，提出了基于复杂地质条件下的盾构动态施工管理的理念。同时，盾构动态施工管理也可以用到事后分析，帮助分析其问题发生原因，提出解决措施。

1. 盾构动态施工相关定义

盾构施工过程中，地质的变化设备的影响，人为的因素，导致盾构机所面临的条件和盾构机掘进参数均在实时不断变化。因此在盾构施工过程中，把握住这些变化，就能保证施工的安全和高效。这需要我们创新性的提出一些新的理论，这里我们对相关概念进行定义。

盾构掘进动态：盾构机在掘进过程中受到环境施加的反馈所产生的影响，也可以理解为盾构机在做出掘进这个输入信息后，经过环境的变换后反馈的输出信息。

盾构动态施工：在泥水盾构施工过程中，通过还原掌子面地质状态，利用盾构掘进动态分析方法分析盾构掘进参数信息得出盾构施工状态，为后续盾构施工提供指导。

其关键就在如何还原掌子面地质状态，盾构掘进动态分析方法。以期应对复杂地质条件和设备状态带来的盾构掘进不均匀性和突变性。

盾构动态施工管理理念：在泥水盾构施工过程中，通过地质、岩土、机械等多专业人员集体协作，将盾构掘进每环主要参数信息进行统一分析，得出当前环及已完成环盾构施工特点或规律，为后一环和后一段距离盾构施工提供指导。其关键就在于将每一环的数据都要进行收集，通过专业知识进行分析，以泥水盾构渣土特点为核心，识别当前主控参数变化特点，从而对泥水盾构施工进行管理。以期应对复杂地质条件和设备状态带来的盾构掘进不均匀性和突变性。参数包括岩石渣样、地勘资料、盾构掘进参数（扭矩、推力、速度、切口压力、设计轴线）、泥浆参数（黏度、比重密度、砂率）、管片拼装信息（盾尾间隙、管片类型、拼装点位、掘进时间、同步注浆量）、停机时气泡仓液位变化等。

2. 盾构动态施工管理内容

如上所述，盾构施工需要地质、岩土、机械等多专业人员集体协作。依靠一个人或一个部门就将各专业理论知识、现场操作都掌握是非常困难的问题。而盾构施工又是复杂的系统工程，必须依靠多专业集体协作。因此保证在一个盾构项目施工过程中各专业的专业性非常重要。其包括地质分析、岩土分析、盾构掘进参数分析、其他分析和综合分析。下面将对北京南水北调团九二期二标工程不同地层的泥水盾构施工出现的现象和问题进行总结分析同时，进一步解释说明泥水盾构动态施工管理理念的具体操作流程。

3.2.1 砂卵石地层泥水盾构施工技术

砂卵石地层包括全断面砂卵石地层和砂卵石夹黏土地层。砂卵石夹黏土地层由于黏土的存在将对泥水盾构施工造成较大影响。因此本节将分别对此两种地层进行对比分析。

1. 地质分析

本工程砂卵石主要为山前冲洪积沉积形成的，因此其砂卵石的磨圆度较好，分选性较差，级配良好，偶含漂石。砂卵石分布主要是卵石④层和卵石⑥层，其细颗粒含量极少，基本不含黏性颗粒。从表 3-2 可以看出，卵石④层和卵石⑥层颗粒粒径在 0.075mm 以下平均含量均为 0.4%，2mm 以上平均含量分别达到 88.2%、87%。由于经过地质沉积作用，砂卵石本身软弱成分已经被剥蚀，其留下来的岩石强度和硬度均较高，经过实验室测的卵石饱和抗压强度最大可达到 352MPa。因此砂卵石在长距离管路运输和高速泵的作用下基本无变化，且细颗粒含量少，掌子面切削下来的渣土基本可全部经过筛分设备筛分出来（图 3-22），筛分未能筛选出来的进入泥浆中的细颗粒含量低，但依然会造成泥浆比重密度增加。

表 3-2　　砂卵石颗粒组成百分比表

土层		颗粒粒径大小/mm										
		>60	40～60	20～40	10～20	5～10	2～5	0.5～2.0	0.50～0.25	0.250～0.075	0.075～0.005	<0.005
		颗粒组成百分比/%										
卵石④层	单值	6.9	31.6	24.7	11.6	7.3	6.1	5.9	3.5	2.1	0.4	0
	合计	100	93.2	61.6	36.9	25.3	18	11.9	6	2.5	0.4	0
卵石⑥层	单值	5.9	29.9	24.9	12.2	7.6	6.5	6.6	3.9	2.2	0.4	0
	合计	100	92.2	62.4	39.4	27.2	19.6	13.1	6.5	2.6	0.4	0

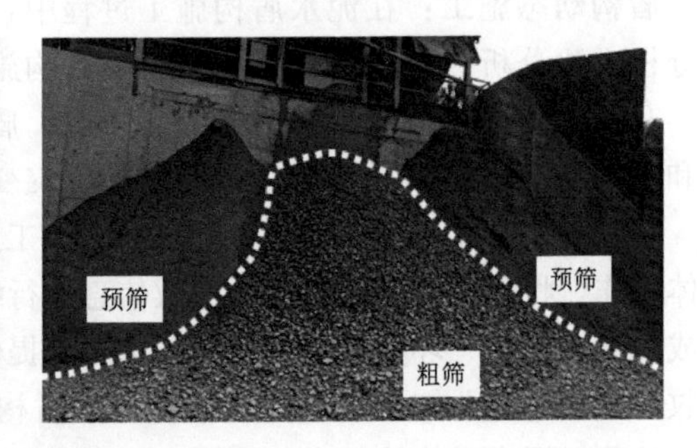

图 3-22　砂卵石地层筛分设备出渣

现场监测数据表明，由始发开始到 116 环泥浆比重密度从新浆的 1.03g/cm³ 增加到 1.11g/cm³，后由于砂卵石中夹黏土造成泥浆比重密度增加，经过夹黏土地层后再次进入全断面砂卵石地层后泥浆比重密度又恢复到 1.11g/cm³，因此可以看出，该砂卵石地层中由于地层细颗粒进入泥浆中造成泥浆比重密度增大，一般增加到 1.11g/cm³。虽然泥浆密度有所增大，从本章研究成果可以看出，泥浆中存在一定细颗粒物质，将有利于掌子面泥膜的形成，因此该砂卵石地层中细颗粒进入泥浆对富水砂卵石地层泥水盾构施工具有益处。

根据山前冲洪积地层沉积特点，砂卵石中必然含有少量大粒径卵石，其粒径为 10～50cm，甚至更大。在盾构掘进过程中，由于刀盘开口的影响和格栅（15cm×15cm）、破碎机的存在，将很大程度限制大粒径卵石进入排泥管路中。但有些特定形状的大粒径卵石依然会通过格栅进入到管路中，对管路造成堵塞，必须采取停机拆管措施，将堵塞卵石取出。

由于排泥管路直径为 250mm，堵管大粒径卵石最长长度至少为 20cm 以上，同时又需要通过格栅（15cm×15cm），因此其宽度需小于 15cm，堵管大粒径卵石均为细长条形。在 840m 砂卵石地层中，共造成大粒径卵石堵管 14 次。堵管卵石长度为 21～24cm，宽度为 10～12cm，典型堵塞如图 3-23 所示。

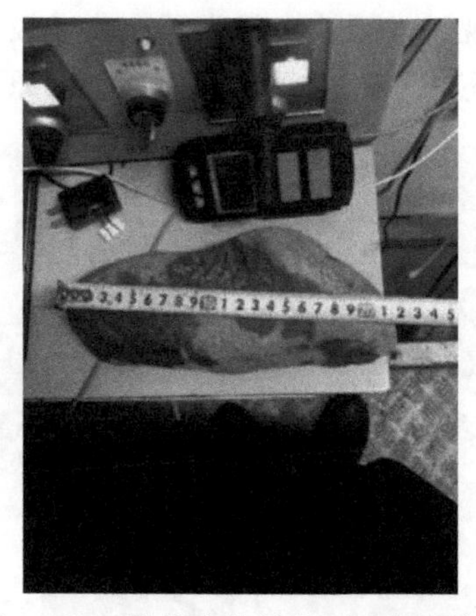
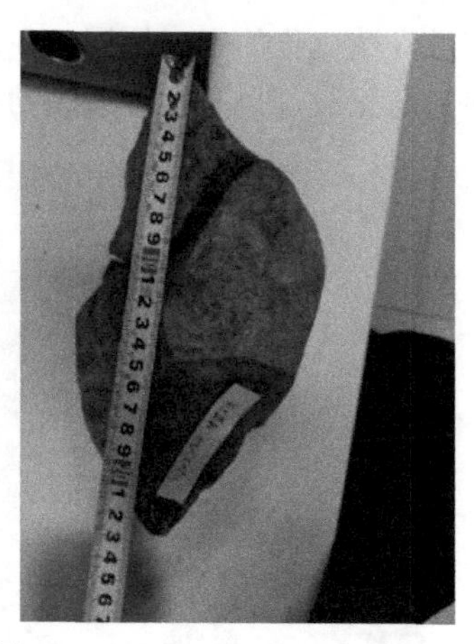

图 3-23　堵管大粒径卵石现场实物图

在里程 2＋376～2＋655 范围内砂卵石地层中夹黏土地层，黏土地层厚度约 1～2m，局部达到 4m，塑性指数平均值为 19.2，具有较强黏塑性。盾构机刀盘刀具将黏土切削下来后，裹挟少量砂卵石形成球状黏土球，黏土球直径约为 5～10cm（见图 3-24）。黏土球和砂卵石一同经过筛分后出渣到渣土场，其中渣土中黏土球含量最多可达到约 1/3，如图 3-25 所示。黏土颗粒成分进入泥浆后对泥浆指标造成较大影响。

图 3-24　黏土卵石包裹体

图 3-25　砂卵石夹黏土地层筛分现场实物图

从 101 环渣土堆中出现黏土球，但黏土球数量较少，只是零星出现，直到 145 环后开始大量出现。图 3-26 为 143～146 环的盾构出渣情况。可以看出，在 145 环处，地层中黏土球数量明显增多，黏土含量大幅增加，这是导致接下来切口水压、推力、扭矩等盾构掘进参数变化的根本原因。在现场发现渣土发生了变化，极大可能接下来的盾构参数均要跟随变化。这也是泥水盾构动态施工以地质分析为核心的原因。

图 3 - 26　143～146 环盾构出渣图

泥浆比重变化主要取决于地层的变化，地层中细颗粒进入泥浆中将严重影响泥浆比重变化。从图 3 - 27 可以看出，在砂卵石夹黏土地层（145～366 环）中泥浆比重较砂卵石地层高。0～145 环砂卵石地层，由于处于始发阶段，泥浆为新泥浆，泥浆比重在 1.03 左右，掘进一段距离后，随着砂卵石地层中的细颗粒进入泥浆中使得泥浆比重增加到 1.09。随着砂卵石夹黏土地层的出现，黏土颗粒大量进入到泥浆中，泥浆比重增加到 1.22。随着黏土含量的减少和消失，泥浆密度又下降到 1.11。

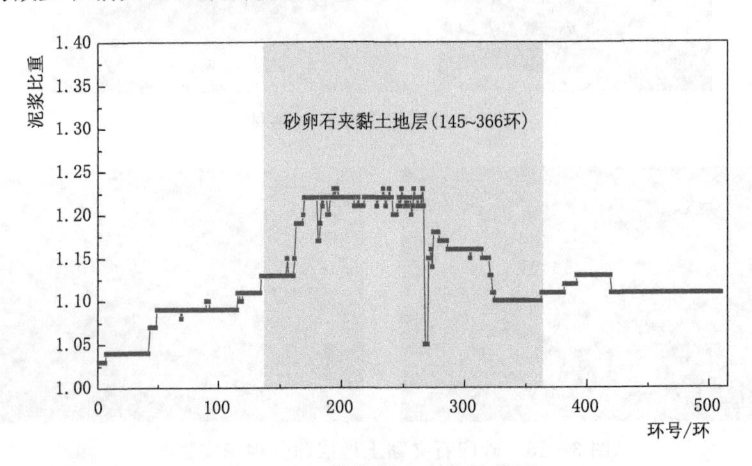

图 3 - 27　泥浆比重变化趋势图

2. *岩土分析*

砂卵石地层属于松散岩类地层，因此盾构机切口水压计算采用公式-监测数据方式控制。通过经验公式计算，将北京南水北调团九二期第 2 标段项目砂卵石地层中盾构切口水压计算值与实际值进行对比发现（图 3-28），实际切口压力按照计算平均值进行控制，最大地表沉降控制在 5mm，切口水压设置合理。

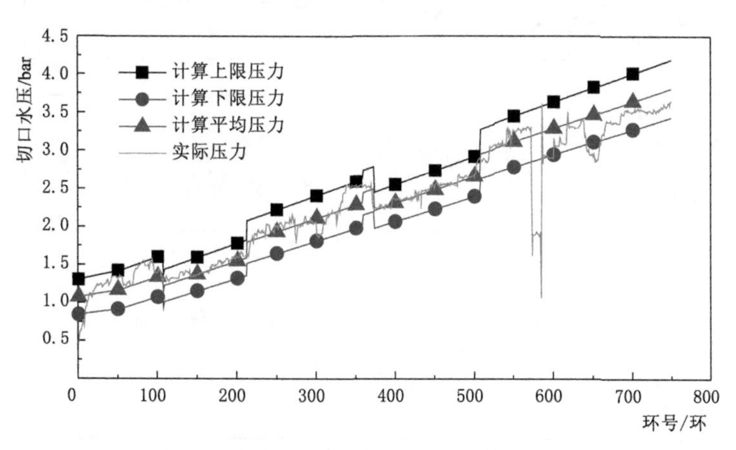

图 3-28　第四系松散岩类盾构切口水压计算值与实际值对比

从每环切口水压变化角度进行分析，选取夹有黏土球的砂卵石地层（以下简称“J 地层”）和全断面砂卵石地层（以下简称 L 地层）的切口水压对比分析。从图 3-29 可以看出，L 地层（501 环、506 环）的切口水压变化曲线较平滑，波动较小，J 地层（281 环、286 环）切口水压波动较剧烈。切口压力波动数值（环最大值一环最小值）J 地层、L 地层分别为 0.3bar、0.18bar（281 环和 501 环对比），0.27bar、0.14bar（286 环和 506 环对比）。

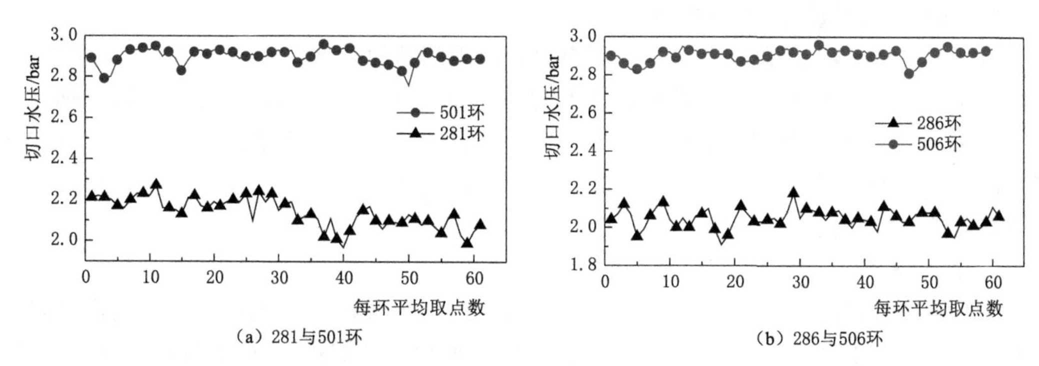

图 3-29　L 地层和 J 地层切口水压变化对比图

3. 盾构参数分析

以 0～510 环为例阐述盾构掘进参数分析过程。从图 3-30 可以看出，刀盘扭矩、推力、掘进速度、贯入度随着盾构的不断掘进具有高度的相似性。参数变化趋势大体上可分为 3 段，第 1 段 0～145 环、第 2 段 145～322 环、第 3 段 322～510 环。具体表现为第 1 段 4 个参数均变现平稳，未发生异常变化。第 2 段则出现较大变化，扭矩、推力呈直线上升趋势，掘进速度和贯入度成直线下降趋势；第 3 段则又恢复第一段特点，4 个参数均保持稳定，保持同步。

通过 3.1.1 节盾构施工参数动态类型的划分，阶段 1 和阶段 3 的三参数属于正常型，

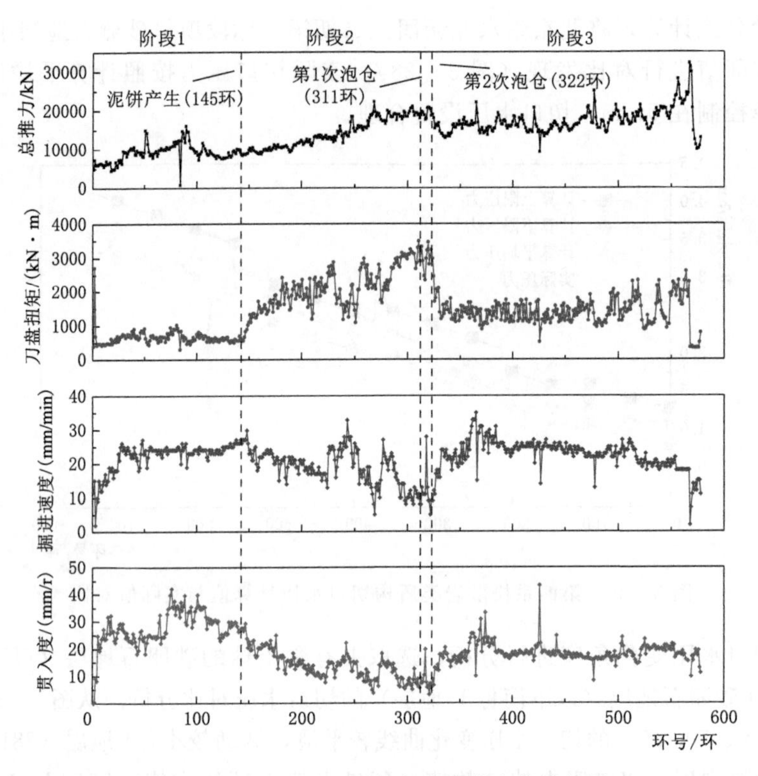

图 3-30　0～578 环盾构掘进参数变化趋势图

而阶段 2 的“三参数”属于刀盘型。

本书定义新参数 P 和 Q 作为刀盘刀具是否出现问题的判据，其中，P＝刀盘扭矩/贯入度，Q＝总推力/贯入度。将新参数 P 和 Q 作为纵坐标，盾构掘进环号作为横坐标，绘制 P 和 Q 参数变化趋势图，如图 3-31 所示，可以看出，在刀盘结泥饼区域（145～366 环）P 和 Q 值较其他区域异常升高，其中 P 值表现更为活跃，可以作为判断刀盘刀具出现堵塞或结泥饼的依据。

4. 其他分析

选取掘进时间进行分析。从图 3-32 可以看出，J 地层相比 L 地层的每环掘进时间均增大。L 地层每环掘进时间约为 50min，而 J 地层平均每环掘进时间为 69min，在黏土影响最大区域（292～325 环）平均每环掘进时间为 117min，最大可达到 252.4min。

5. 综合分析

根据上述参数特点的分析，结合－5～510 环地质特点分析，发现在 136 环开始在渣土中出现少数黏土球，在 145 环开始大幅增加。

在掘进参数的反应上，阶段 1 各项参数较平稳，从 145 环后的阶段 2 各项参数发生较大变化，主要是因为 145 环后盾构掘进范围内砂卵石地层中存在约 1.5m 厚的黏土，造成刀盘切削黏土是扭矩增加，但推力增加不明显。此外，泥浆出渣管路中排出了大体积的黏土卵石包裹体，说明在刀盘转动作用下，卵石与黏土结合形成了具有一定强度的再生型泥饼。泥饼出现，在掘进过程中会糊住刀盘，使得扭矩增加；黏土卵石包裹体堵塞排渣口格

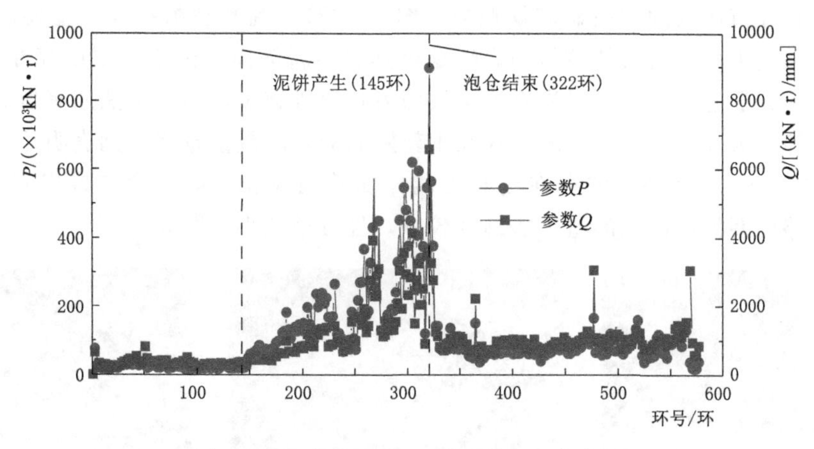

图 3-31 参数 P 和 Q 随环号变化曲线图

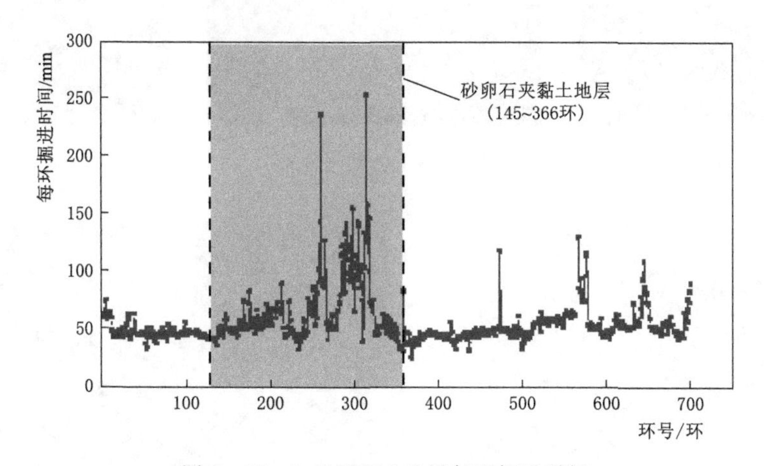

图 3-32 L 地层和 J 地层每环掘进时间

栅，造成渣土滞排，切口水压波动较大，影响掘进速度，增加掘进时间。

根据上述分析，黏土的存在会造成刀盘结泥饼现象，使得盾构机扭矩、推力增加，掘进速度降低。因此推进过程中应采取提高刀盘转速，降低掘进速度，减小贯入度的推进参数，同时保持刀盘冲洗开启，确保盾构掘进过程中，每环停机 2 次进行循环带渣。同时，做好泥饼分散剂浸泡的试验，选择效果较好的分散剂，待刀盘结泥饼情况严重时进行泡仓施工。

3.2.2 断层破碎带地层泥水盾构施工

1. 地质分析

根据在断层破碎带及其影响区盾构出渣特点来看，在断层核心区岩石风化严重，达到全风化，以断层核心区为中心向四周岩石风化则慢慢减弱，由风化严重转变为以裂隙发育为主。盾构经过一个断层前中后的过程中岩石变化特点可以概括为少量裂隙—大量裂隙伴随强风化—全风化—大量裂隙伴随强风化—少量裂隙。以上过程为一个断层循环，若存在多个断层，上述岩石变化过程将根据断层间距离经过叠加后产生多个循环。

施工过程中，判断全风化岩渣存在，主要通过粗筛渣土中存在类似黏土球状风化土球，掰开后存在沉积纹理和明显矿物颗粒（图3-33）。判断裂隙存在，主要通过筛分设备粗筛中筛出的大粒径岩渣的数量和岩渣是否具有不新鲜面。由于岩层中存在裂隙的话，盾构刀盘上滚刀通过挤压破岩时岩石不会按照刀具轨迹破裂，而是按照原有裂隙剥落，因此会造成初筛出大粒径岩渣。同时，存在不新鲜面的岩渣数量越多，则表明地层中裂隙越发育（图3-34）。大量裂隙的存在极有可能伴随着强风化，势必会造成岩石强度降低，经过泥浆管路的磨损后出来的渣土磨圆度较好，且粒径较小（图3-35）。

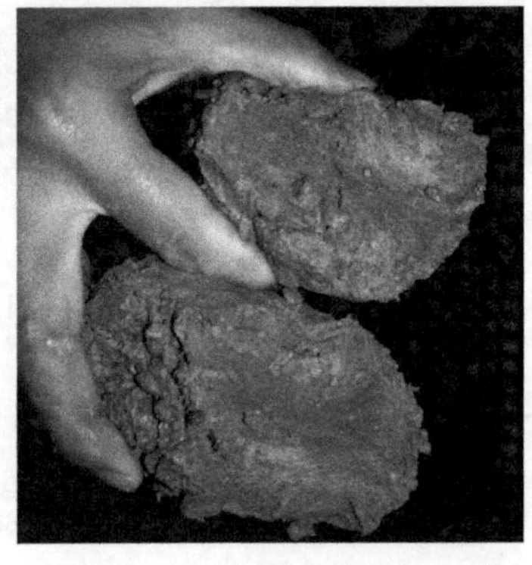

图3-33　全风化砂岩

图3-34　岩渣不新鲜面

图3-35　强风化岩渣

以650～1018环地层渣样，举例说明断层破碎带中渣土的变化特点。368环，共412m距离内总体上可分为2个大的断层循环。按照掘进方向，出现的地层依次为砂卵石地层、砂卵石硬岩混合地层（上软下硬）、第一次全（强）风化地层、第一次强（中）风化地层、第二次全（强）风化地层、第二次强（中）风化地层。具体岩土特点分类见表3-3。

其中，每个断层循环内渣土变化和不同循环间的相同阶段渣样变化又有区别。例如，在784～847环中，802环表现为粗筛以强风化岩渣为主，岩渣强度较低，经过泥浆管路运输后粒径变小，磨圆度较好，粗筛渣土体积较两遍细筛要少（图3-36）。而803环表现为粗筛中以中风化砂岩岩渣为主，且大粒径岩渣数量较多，粗筛渣土体积未减少（图3-37）。

表 3-3　650～1018 环筛分渣土岩性分类

地层	环号/环	渣土特点	代表照片
砂卵石	650～700	砂卵石地层，粗筛渣土磨圆度较好，且粗筛、细筛渣土体积保持不变  	
上软下硬	701～739	砂卵石地层与硬岩地层过渡阶段，为上软下硬地层，粗筛中有磨圆度好的卵石，也有磨圆度一般的强风化砂岩，同时也有全风化砂岩形成的渣土球，粗筛、细筛渣土体积未发生变化  	
断层 1 全(强)风化	740～783	全风化、强风化砂岩，以全风化为主，粗筛中以全风化泥球、强风化岩渣为主，粗筛渣土体积减少明显  	

续表

地层	环号/环	渣土特点	代表照片
断层1强(中)风化	784~847	强风化、中风化砂岩为主，粗筛中无全风化泥球，基本以岩渣为主，常出现大粒径岩渣，粗筛渣土体积较上一阶段地层明显增多  	
断层2全(强)风化	848~949	全风化、强风化砂岩，以全风化为主，粗筛中以全风化泥球、强风化岩渣为主，粗筛渣土体积减少明显  	
断层2强(中)风化	950~982	强风化、中风化砂岩，以强风化为主，粗筛中以强风化岩渣为主，磨圆度较好，粒径较小，粗筛渣土体积较全风化要大一些 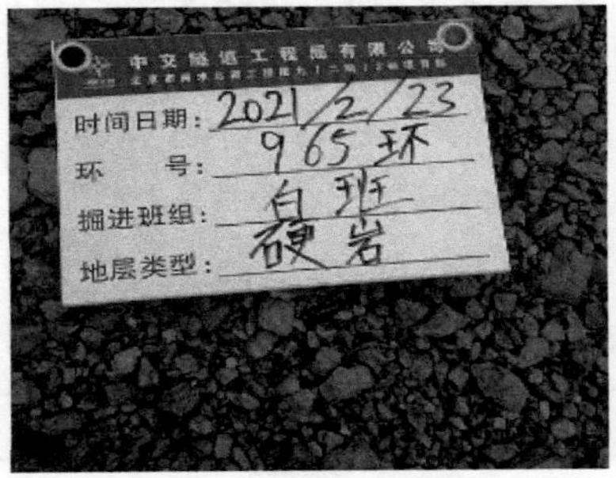 	

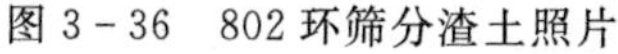

图 3-36　802 环筛分渣土照片

图 3-37　803 环筛分渣土照片

从图 3-38 可以看出，在砂卵石地层中泥浆密度变化稳定，保持在 1.11g/cm^3，进入断层破碎带中，泥浆比重增大，全风化地层中泥浆比重要比强（中）风化地层要大。断层 1 强（中）风化地层泥浆比重密度波动要比断层 2 强风化地层泥浆比重密度波动大。这是因为在断层 1 强（中）风化地层中岩性变化频繁且剧烈，强风化地层进入泥浆物质较多，中风化地层进入泥浆物质较少，而断层 2 强风化地层中主要以强风化砂岩为主，进入泥浆物质多。

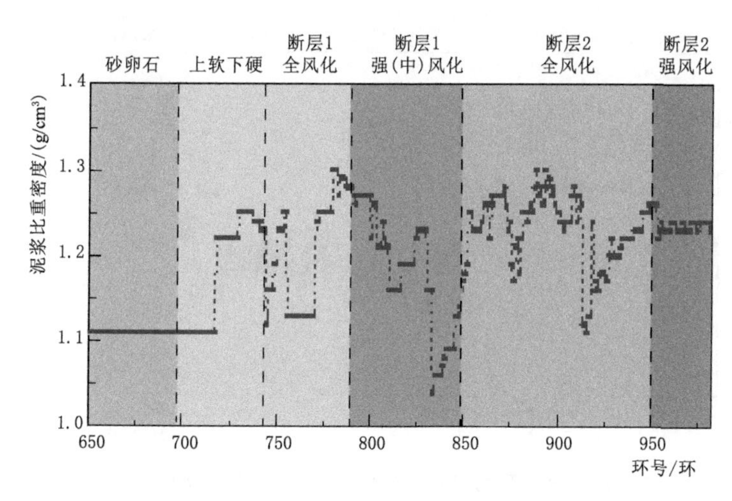

图 3-38　650～982 环泥浆比重密度变化

2. *岩土分析*

650～982 环切口水压变化如图 3-39 所示，其中 650～750 环为砂卵石地层或上软下硬地层（上部为砂卵石地层），此段切口水压还是按照公式计算结果进行控制。进入硬岩地层后变为断层破碎带的全风化地层，根据筛分渣土分析，认为地层具有一定稳定性，后将切口水压降低约 0.2bar，观察约 30 环后又继续将切口水压降低约 3.0bar。期间通过气泡仓液位变化测得地下水压在 2.2bar 左右。

通过将每环约 60 个切口水压数据绘制成动态曲线图（图 3-40），可以发现，在断层全风化地层中切口水压波动幅度较大，在强（中）风化地层中则波动幅度减小，而在砂卵石地层中波动幅度是最小的。这是因为全风化地层中盾构掘进过程中会形成风化球状物，

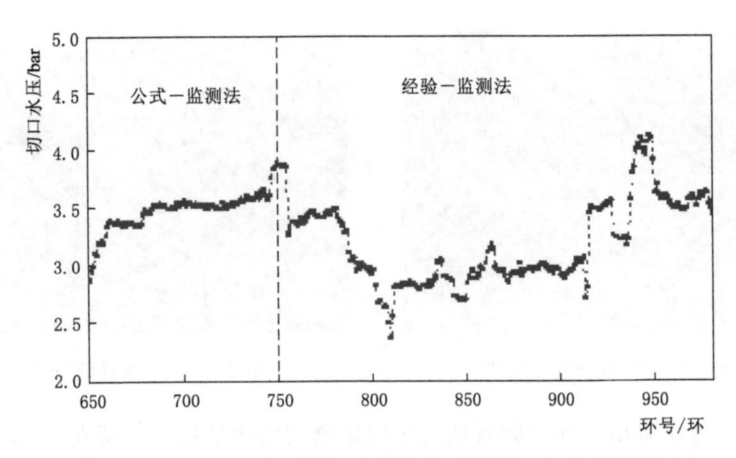

图3-39 650～982环切口水压变化（每环一个代表数值）

众多球状物堵塞在格栅处造成盾构机滞排，因此会造成切口水压大幅波动，而强（中）风化地层由于裂隙存在会产生大粒径岩渣，因此也会造成滞排，但对切口水压波动影响则没有全风化地层严重。

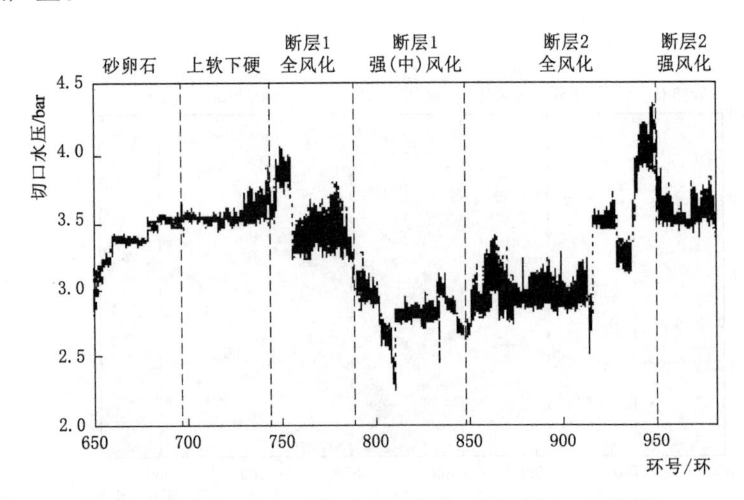

图3-40 650～982环切口水压变化（每环约60个数值）

3. *盾构掘进参数分析*

从图3-41中可以看出，断层破碎带地层不同阶段的总推力和刀盘扭矩没有明显规律，掘进速度从砂卵石地层进入硬岩地层后总体上不断减小。

分析综合参数P和Q。从图3-42中可以看出，在断层破碎带中不同地质条件下，参数P和Q无明显规律。但随着盾构机的掘进，参数P和Q总体上呈不断增大趋势。这是因为虽然在风化地层中岩石强度和磨蚀度均没有原始地层强，但随着长距离的掘进，势必会对刀具造成磨损和破坏，影响盾构机的掘进能力。参数P和Q的增加说明盾构机切削能力的减弱。

4. *其他分析*

从图3-43可以看出，总体上，在断层破碎带中每环掘进时间要比砂卵石地层要长得

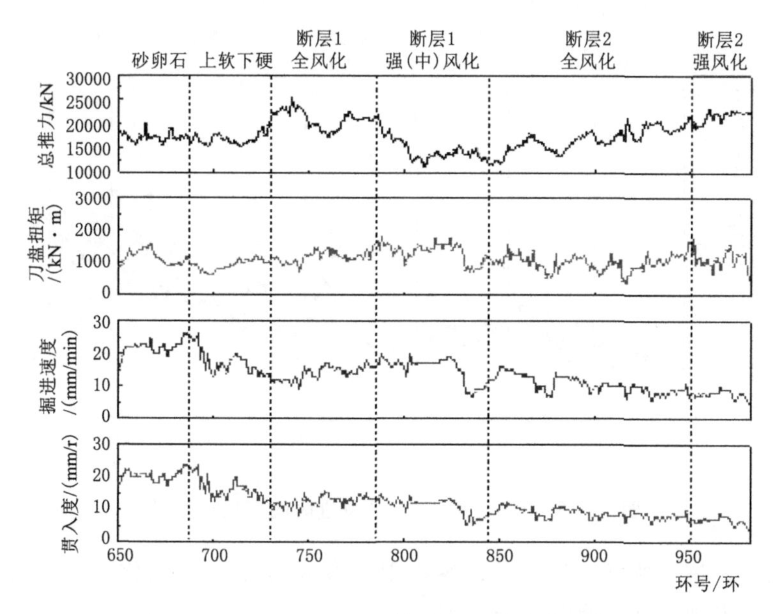

图 3-41 650～982 环盾构掘进参数变化趋势图

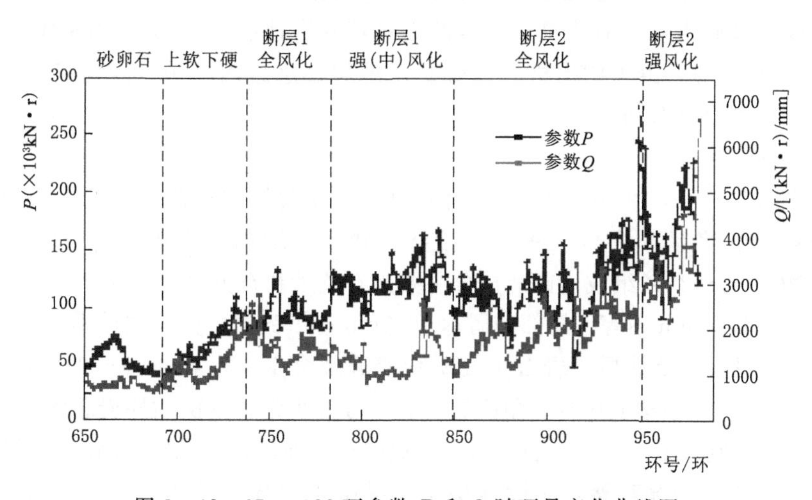

图 3-42 650～982 环参数 P 和 Q 随环号变化曲线图

多，且随着掘进每环掘进时间呈增加趋势。砂卵石地层每环掘进平均时间约为 55min，断层 1 掘进平均时间增加到 82min，断层 2 掘进平均时间进一步增大，达到 128min。这是由于盾构机环流滞排造成渣土排渣困难，增加了盾构机掘进时间。断层 2 的掘进时间比断层 1 掘进时间要大再次说明盾构机切削能力的降低。

5. 综合分析

经过上述分析，发现在断层破碎带地层中岩性变化频繁且剧烈，随着岩性的变化，相应切口水压、盾构掘进参数、泥浆参数均发生变化，但主要影响为风化地层形成的球状物、大粒径岩渣堵塞格栅，造成盾构机环流滞排，使得盾构机掘进时间大幅增加。因此，采取减小贯入度的措施，减少球状物、大粒径岩渣直径，增加停机带渣次数和时间。同时

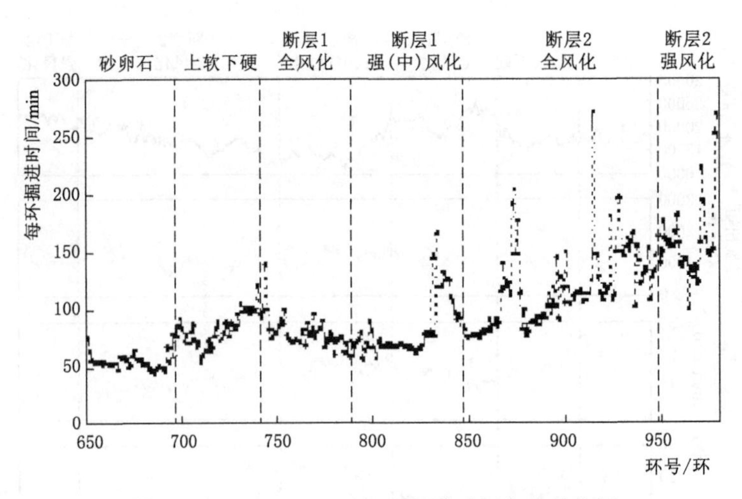

图 3-43 650～982 环每环掘进时间变化趋势图

观察推力、扭矩、掘进速度、贯入度、参数 P、参数 Q 的发展变化，判断盾构机刀盘刀具的切削能力，发现异常，及时开仓检查。

3.2.3 全断面石英砂岩、含砾黏土地层泥水盾构施工

在经过断层破碎带后，盾构机进入全断面石英砂岩地层（1050～1378 环），最后进入含砾黏土地层（33m）。由于盾构机在含砾黏土地层掘进距离较短，因此将全断面石英砂岩和含砾黏土地层合并分析。

1. 地质分析

根据地勘报告显示，在 1050～1378 环，共 394m 盾构掘进范围内均为全断面石英砂岩地层。石英砂岩多呈灰白色～褐色，砂状、砂砾状结构，块状构造，由碎屑 75%～90%和填隙物 10%～25%组成。碎屑成分主要为石英砂和石英岩岩屑砂，呈次棱角状-次圆状，粒径 0.03～1.80mm 不等，局部碎屑达 10.5mm；填隙物主要为粒径小于 0.03mm 的碎屑和黏土质，少量硅质及铁质。岩石主要矿物成分及含量：石英 89%～92%，云母 6%～8%，长石 1%～4%，不透明矿物、角闪石、黑云母等少量。本次钻探岩芯多呈柱状，在节理裂隙密集带岩芯则多呈碎块状，裂隙多被石英碎屑物充填，可见较多晶洞及石英岩脉。

从筛分设备出渣情况观察，实际地层跟地勘报告中描述基本一致。岩石裂隙数量较多，但风化程度较弱，筛分出渣岩石块可看到较多不新鲜面。由于岩石强度较大，岩石块磨圆度较差，大体积岩石块数量较断层破碎带地层中数量减少很多，岩石块体积较均匀。

根据现场实际施工情况，在 1378 环开始出现黏土球，约在 1390 环进入全断面含砾黏土地层中（图 3-44）。黏土球大小、形状与砂卵石夹黏土地层中黏土球基本一致。根据地勘显示，含砾黏土塑性指数为 13.1，褐黄色（棕）为主，局部为重粉质黏土、黏土，湿～很湿，硬塑，局部混碎石，强度较大。实际出渣情况看，黏土遇水后表面非常黏，但内部非常坚硬。

根据杭州地区相同岩土参数的粉质黏土泥水盾构施工经验，长时间停机后会发生粉质黏土泡散、掉落情况，但根据实际施工情况下，该工程粉质黏土在长时间泥浆浸泡过程中，原始性质损失较少，长时间停机后为发现有大体积黏土掉落。

图 3-44　含砾黏土地层泥水盾构出渣现场照片

从图 3-45 可以看出，盾构在不同地层中掘进时泥浆密度变化明显，在风化地层中泥浆黏度保持稳定，为 1.1g/cm^3。在全断面硬岩中，在 1180～1216 环由于遇到强度弱的棕红色砂岩，因此进入泥浆中的细颗粒较多，使得泥浆密度增大。在 1216 环清理泥浆池后增加新泥浆使得泥浆密度下降，最终稳定在 1.1g/cm^3。进入黏土地层后，进入泥浆中的细颗粒增多，泥浆密度也随之增大，在上软下硬地层中泥浆密度呈线性增加，进入到全断面黏土地层中，由于每环掘进时间大幅增加，泥浆密度最大值可达 1.21g/cm^3，导致进入泥浆池的清水较多，造成泥浆密度略微降低。

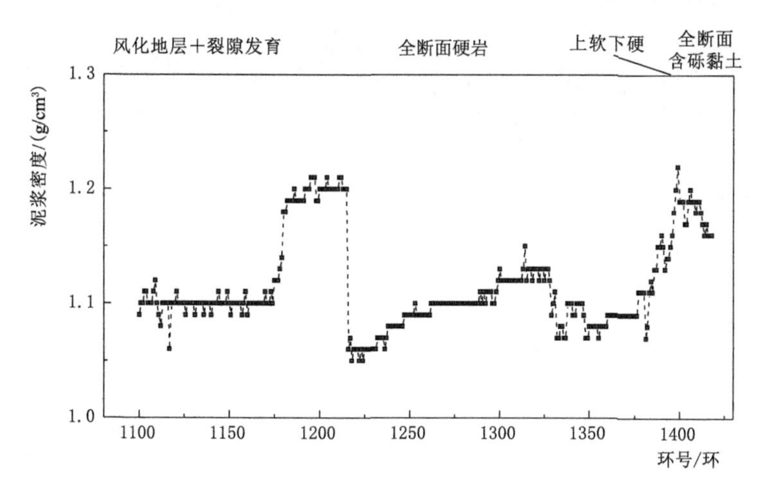

图 3-45　全断面石英砂岩、含砾黏土地层泥浆参数变化

2. 岩土分析

从图 3-46 可以看出，盾构机在断层破碎带和全断面硬岩中切口水压波动较平稳，在含砾黏土地层中则波动幅度剧烈，表明在黏土地层中刀盘切削黏土后在格栅附近拥堵，造成出渣困难，从而导致切口水压波动剧烈。

3. 盾构掘进参数分析

从图 3-47 可以看出，在风化地层、全断面硬岩和黏土地层中盾构掘进参数变化特点不一。在风化地层，由于地层岩石强度较低，且裂隙发育，使得盾构机掘进过程中相对容易一些，反映到参数上变化较平稳。进入到全断面硬岩后，由于岩石强度大幅增加，同时，对于刀具尺度来说，掌子面地层岩石依然是软硬不均的，因此对刀具的磨损较大，产生了很多刀具的非正常磨损，因此推力和扭矩的波动值较大。进入到黏土地层中所有参数

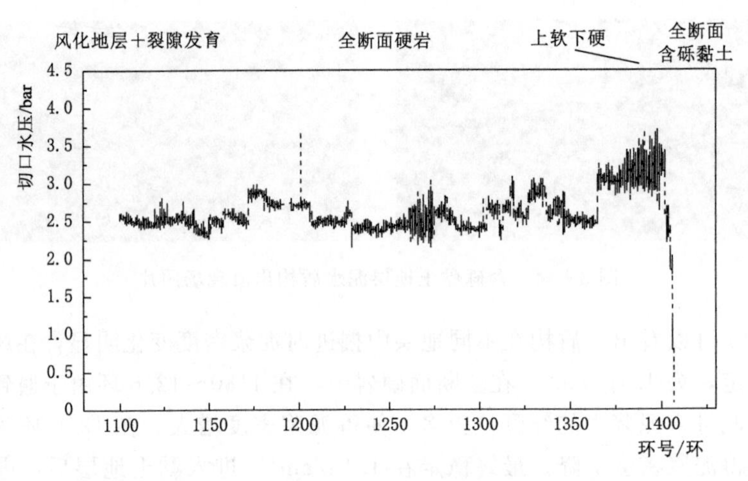

图3-46 1100～1407环切口水压变化

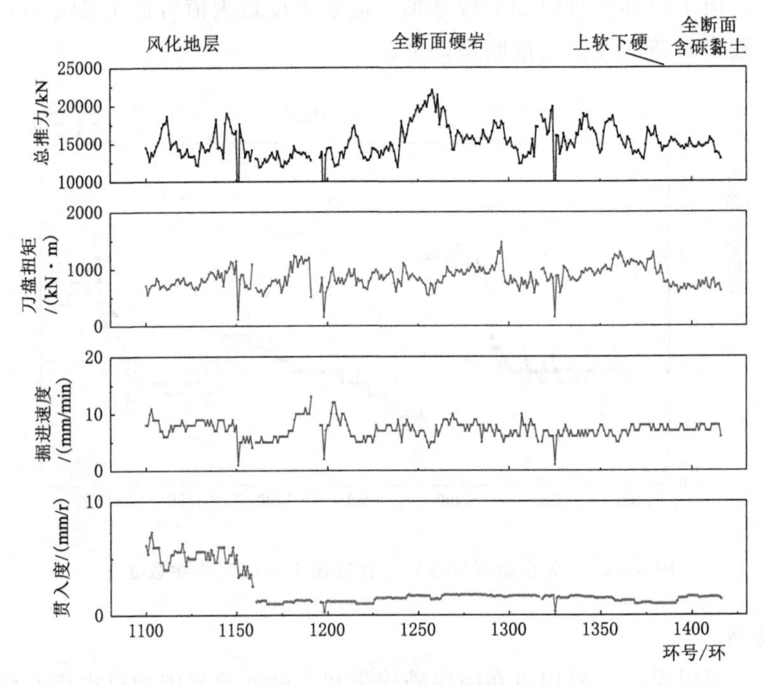

图3-47 1100～1407环盾构掘进参数变化趋势图

从趋势上均变的平稳，数值上，推力和扭矩均下降。

4. 其他分析

从图3-48可以看出，总体上，在全断面硬岩段每环掘进时间要比破碎带地层和黏土地层时间长，且全断面硬岩段每环掘进时间波动也相对剧烈。破碎带地层和黏土地层每环掘进时间约为150min，全断面硬岩每环掘进平均时间约为175min，最大时间约为393min。全断面硬岩段每环掘进时间波动剧烈，主要是由于刀具磨损较大，频繁换刀造成的。

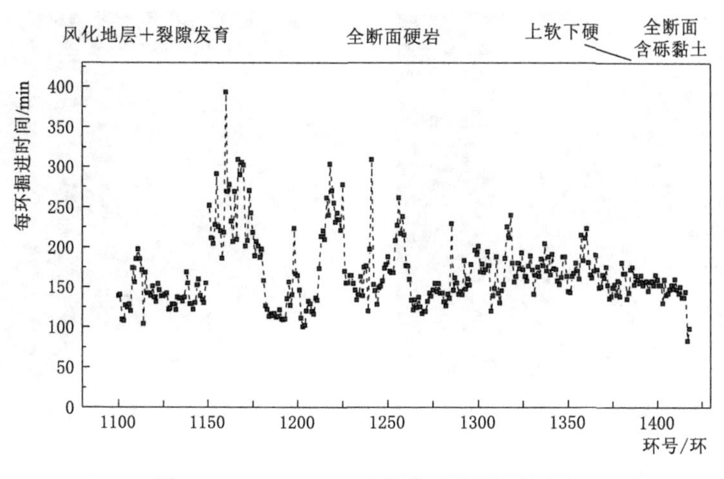

图 3-48　1100～1407 环每环掘进时间图

5. 综合分析

所谓全断面硬岩地层中，从刀具磨损尺度来说，不一定是全断面均质。掌子面中存在的裂隙、微凸起的石英等均造成了对于刀具来说的不均质地层，所谓的全断面硬岩地层其实也是软硬不均，因此将加剧刀具的正常磨损和产生大量的非正常磨损。因此，应多关注每环出渣情况，及时掌握地层变化，结合换刀进仓对掌子面的观察，调整掘进参数，尤其是刀盘转速。

3.3　困难地层掘进刀具磨损研究

3.3.1　盾构刀盘刀具配置

本工程采用的盾构机刀盘开挖直径 6.29m，共有 42 把撕裂刀（可与滚刀互换），12 把焊接型撕裂刀，36 把刮刀，24 把外周弧形刮刀，16 把保护刀，20 把边缘保护刀，1 把超挖刀，4 把磨损检测刀，以及 2 个磨损检测条。

3.3.2　刀具磨损统计及适应性分析

盾构掘进过程中，共计换刀 21 次，其中砂卵石地层中换刀 2 次，断层破碎带地层中换刀 8 次，全断面硬岩地层中换刀 11 次，含砾黏土地层中未进行换刀。本书对不同地层刀具磨损情况进行了分类统计及分析。

3.3.2.1　断层破碎带地层换刀统计及磨损分析

断层破碎带地层中共计换刀 8 次，换刀位置分别为 755 环、834 环、910 环、1027 环、1075 环、1095 环、1136 环、1151 环（断层破碎带与全断面硬岩的分界，主要切削地层为断层破碎带），其中第一次换刀时掘进机通过地层为 161 环卵砾石地层及 15 环断层破碎带地层，难以评估刀具在两种地层中单独磨损情况，因此本次换刀不做统计分析。

断层破碎带地层中第二次换刀位置为 834 环，采用带压换刀技术。从刀具磨损情况来看，42 把滚刀中有 40 把为正常磨损，31 号、33 号滚刀异常磨损，分别发生裂口和卡条掉落，并进行更换，如图 3-49、图 3-50 所示。

图 3-49　盾构刀具磨损检测示意图

图 3-50　刀具异常磨损示意图

盾构机施工过程中，刀具磨损受到的影响因素较多，如地质条件、刀具材质及在刀盘上的安装位置等，但最主要的因素是地层岩性及构造发育情况。表 3-4 为断层破碎带地层换刀汇总表。

表 3-4　断层破碎带地层换刀汇总表

序号	换刀环号/环	换刀间距	磨损系数/(10^{-3}mm/km)	异常磨损情况	换刀数
1	755	—	—	—	4
2	834	79	45.05	刀圈裂口 1 把，卡条掉落 1 把	2
3	910	76	61.48	—	0
4	1027	117	66.66	偏磨 1 把，刀圈开裂 1 把	12
5	1075	48	202.69	偏磨 10 把，刀圈掉 5 把，刀圈开裂 1 把，严重磨损 2 把，螺栓松动 1 把	23
6	1095	20	190.97	偏磨 3 把	3
7	1136	41	154.56	偏磨 3 把，刀圈脱落 1 把，刀具与刀箱卡死 1 把，镶齿脱落较多 1 把	6

为了更好地评价盾构穿越断层破碎带时刀具的磨损规律，对刀具的异常磨损情况进行了进一步分类和分析，如图 3-51 所示。刀具的异常磨损主要可以分为偏磨、严重磨损及刀圈开裂、脱落两大类，分别占比 50% 及 20.83%，除此之外还有镶齿脱落及卡条掉落等形式，共计占比 29.17%。

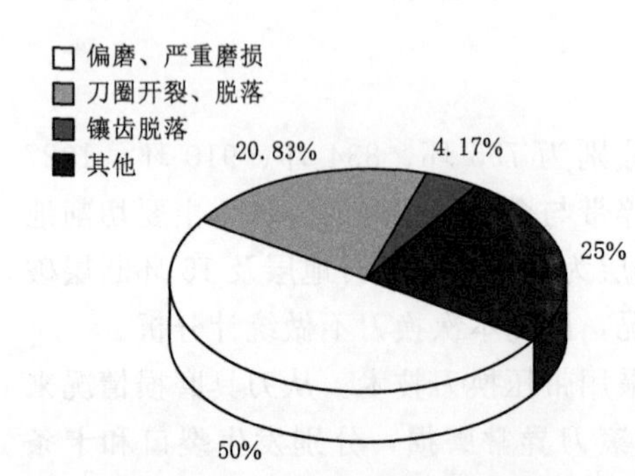

图 3-51　刀具异常磨损类型构成

3.3.2.2　全断面硬岩地层换刀统计及磨损分析

根据施工实际统计，全断面硬岩分区为 1151～1379 环，掘进过程中共计换刀 11 次，换刀位置分别为 1160 环、1166 环、1215 环、1225 环、1235 环、1256 环、1284 环、1296 环、1317 环、1346 环、1357 环。根据刀具磨损计算公式计算了不同换刀区间的磨损系数，并对全断面硬岩地层刀具更换及异常磨损情况进行了统计分析，见表 3-5。

表 3-5　　全断面硬岩地层换刀汇总表

序号	换刀环号/环	换刀间距	磨损系数/(10^{-3}mm/km)	异常磨损情况	换刀数
1	1150	—	—	—	—
2	1160	9	227.77	偏磨 7 把，刀圈掉 1 把，垫块倾斜 2 把，掉齿 3 把（13）	11
3	1166	6	305.08	偏磨 5 把，刀圈磨光 1 把，掉齿 1 把（7）	5
4	1215	49	60.51	刀具散了 4 把，掉齿 4 把，偏磨 1 把，垫块掉落 1 把，刀圈断裂 1 把（11）	12
5	1225	10	212.4	垫块倾斜 5 把（5）	0
6	1235	10	203.2	掉齿 6 把，偏磨 2 把，螺栓松 1 把（9）	3
7	1256	21	103	偏磨 5 把，磨光 6 把，2 把垫块倾斜，1 把刀圈损坏，2 把掉齿（16）	12
8	1284	28	112.35	压块倾斜 1 把，刀圈磨损严重 3 把，刀圈脱落 1 把，偏磨 2 把，垫块掉落 1 把，掉齿 4 把（12）	10
9	1296	12	223.85	8 把偏磨，1 把刀圈磨光，4 把掉齿（13）	11
10	1317	21	189.7	4 把偏磨，4 把掉齿（8）	11
11	1346	30	144.64	3 把偏磨，1 把卷刃，3 把掉齿，1 把卡条脱落（8）	9
12	1357	11	179.49	3 把偏磨，2 把刀圈掉，4 把掉齿（9）	7

从表中可以看出，盾构在全断面硬岩地层掘进时磨损系数最高超过 300×10^{-3}mm/km，最低为 60.51×10^{-3}mm/km，其余在 $(100\sim300)\times10^{-3}$mm/km 的范围内波动，全段平均值为 141.38×10^{-3}mm/km，相对于断层破碎带地层明显偏大（98×10^{-3}mm/km）。由于磨损系数增大，全断面硬岩地层中刀具磨损情况更为严重，换刀频次增加，平均掘进 18.8 环换刀一次（断层破碎带地层为 51.3 环），最短掘进 6 环即进行换刀。

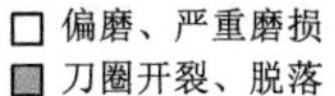
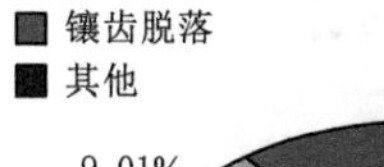
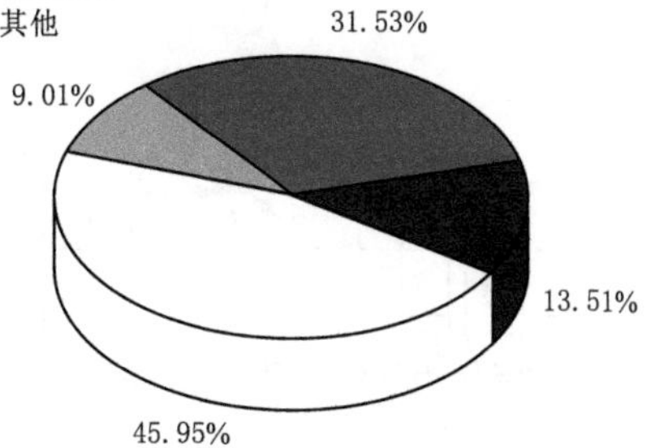

图 3-52　刀具异常磨损类型构成

为了进一步揭示刀具在全断面硬岩掘进过程中的磨损规律，对刀具的异常磨损情况进行了进一步分类和分析，如图 3-52 所示。从图 3-52 中可以看出，刀具异常磨损的主要原因分别为偏磨、严重磨损，刀圈开裂、脱落，镶齿脱落三大类，分别占比 45.95%、9.01%、31.53%，其中偏磨与严重磨损占比相对于断层破碎带略有降低，镶齿脱落占比大幅增加，刀圈开裂与脱落占比明显降低。

3.3.3　基于盾体动力学响应的冲击荷载分析

本工程地层条件复杂多变，泥水盾构在掘进过程中，承受不断变化的大推力、大扭矩、倾覆力矩等随机荷载，引起主机较大的振动，尤其在穿越断层破碎带和全断面硬岩段时，由于岩石中存在大量节理裂隙和石英岩脉，造成地层软硬不均，导致滚刀破岩过程中产生强烈冲击荷载，诱发刀盘剧烈振动，可依据盾体振动数据实时判断冲击荷载和地层情况，动态调节掘进参数。

3.3.3.1 盾体振动激励荷载来源

图3-53揭示了滚刀破岩受力与机理，滚刀破岩力分布于刀刃和岩石的接触区，可等效为相互垂直的3个力，即法向力 F_V，切向力 F_R 和侧向力 F_S，滚刀首先在岩石内形成压力核，使岩石内部产生裂纹，当裂纹扩展使两把滚刀之间的岩石破碎剥落时，聚集在压力核中的能量瞬间释放，引起瞬间冲击荷载。滚刀破岩力是盾体动力响应的主要激励荷载，盾构掘进过程中的剧烈振动现象表明滚刀破岩力是一种剧烈变化的波动力，这是由于不同的岩石参数和掘进参数导致破岩点的压力核能量和岩石破碎区域大小不一。施加在滚刀上的破岩力通常表现出高冲击、无规则、非线性等特点，最大值可达到均值数十倍，对滚刀造成剧烈损伤，并且导致盾体剧烈振动。瞬间冲击荷载持续时间极短，常规的静力学传感器往往难以捕捉到，通过监测滚刀破岩过程中盾体动力学响应，进而分析冲击荷载作用规律，是一个可行的方法。

3.3.3.2 盾体振动监测

iVS101无线振动传感器是专门为工业物联应用而设计的无线型振动温度复合度传感器，使用该传感器可以非常方便地构建起基于各种环境的设备状态监测系统，传感器内置温度、振动传感单元、电池供电和低功耗蓝牙通信模块，采用特殊的隔离式设计，使内部元件与外壳体完全隔离，密封性能好，适用于恶劣的工业环境。传感器底座配置了强力磁铁，可稳定吸附在盾构机上，对3个方向加速度振动信号进行采集和通过无线传输方式传输到信号采集仪。信号采集仪可通过盾构机内无线网络将振动数据实时上传至云端数据库，然后即可通过移动笔记本电脑中的动态信号测试与分析系统对云端数据库进行分析，信号采集分析系统工作流程如图3-54所示。

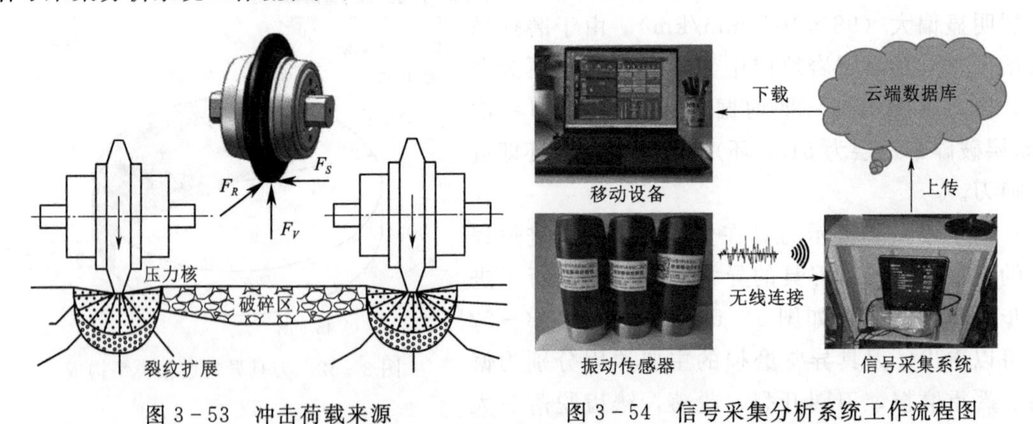

图3-53 冲击荷载来源　　图3-54 信号采集分析系统工作流程图

信号分析系统可对采集到的数据进行自动处理，得到其时域和频域特征。本书主要分析振动信号的峰值 X_p 和有效值 X_{rms} 两个特征参数。其中峰值 X_p 为一个监测时间段内加速度响应最大值，可反映出滚刀破岩瞬间冲击荷载的大小，为尽可能排除数据的偶然误差，本分析系统取峰值 X_p 为

$$X_p = \frac{X_{m1} + X_{m2} + X_{m3} + X_{m4} - (X_{n1} + X_{n2} + X_{n3} + X_{n4})}{8} \tag{3-2}$$

式中：X_{m1}、X_{m2}、X_{m3}、X_{m4} 为加速度响应 4 个最大值；X_{n1}、X_{n2}、X_{n3}、X_{n4} 为加速度响应的 4 个最小值。

有效值 X_{rms} 则用于描述振动信号的能量，可用于表征滚刀破岩整个过程的能量大小，计算公式如下：

$$X_{rms} = \sqrt{\frac{1}{N}\sum_{n=1}^{N} x^2(n)} \tag{3-3}$$

式中：$x(n)$ 为时域序列，$n=1$，2，…，N；N 为样本点数。

传感器布置示意图如图 3-55 所示。在盾构掘进过程中，刀盘振动最为剧烈，考虑到本工程地下水压较大，达 0.23MPa，超过振动传感器承压极限，无法将其安装在刀盘面板上，故可将传感器 1 布置在刀盘轴承附近（测点 1）；传感器 2 被布置在人仓内壁（测点 2），用于反应中盾的振动情况；传感器 3 被布置在千斤顶前方环梁处（测点 3），用于分析支撑—推进系统的振动特性。无线振动信号采集系统悬挂在人仓下方，各测点的振动信号通过现场无线振动采集系统汇集，采集模式可设置为固定间隔时间自动采集和手动采集两种，最终通过振动分析系统对采集到的数据进行自动分析，即得到盾构掘进时整机动力响应特性。

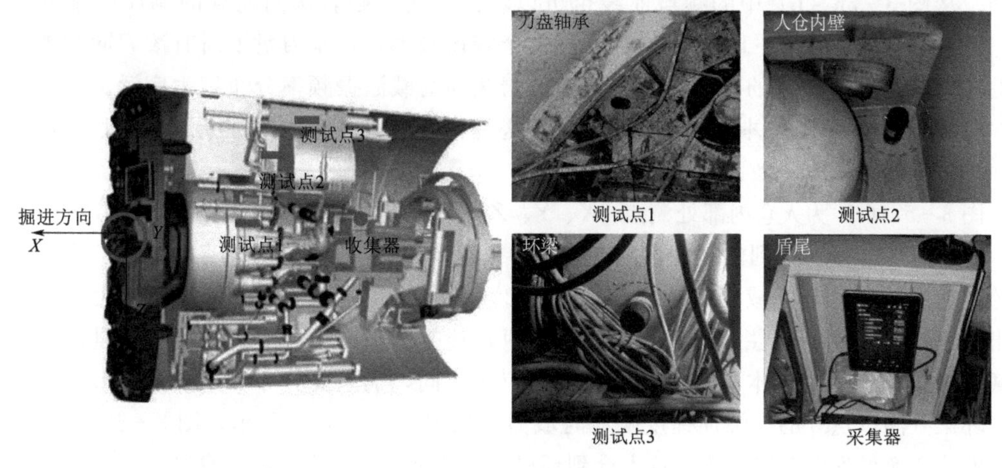

图 3-55　盾体振动测点现场布置

3.3.3.3　盾体动力响应衰减规律

以在 1300 环穿越 3 个测点采集到的一组典型数据为例，对盾构整机在全断面石英砂岩地层中盾构整机动力响应衰减规律进行介绍。图 3-56（a）为刀盘轴承处测试点 1X、Y、Z 3 个方向的加速度时域曲线，图 3-56（b）为通过傅里叶变换得到的频域曲线。

刀盘轴承处振动十分剧烈，图 3-56（a）中时域曲线出现一次波峰意味着一次破岩过程，波峰数值越大，代表此次破岩瞬间冲击荷载越大。在 0.5s 范围内，冲击波峰的大小不一且出现的间隔不等，如，在 0～0.02s 段无明显波峰，在 0.02s 附近完成一次挤压破岩，冲击荷载导致刀盘处测点 1X 方向加速度响应上升至 80m/s^2 后迅速降低，在 0.4s 附近的一次破岩中加速度波峰则高达 120m/s^2。Y 方向和 Z 方向也有不同程度的加速度响

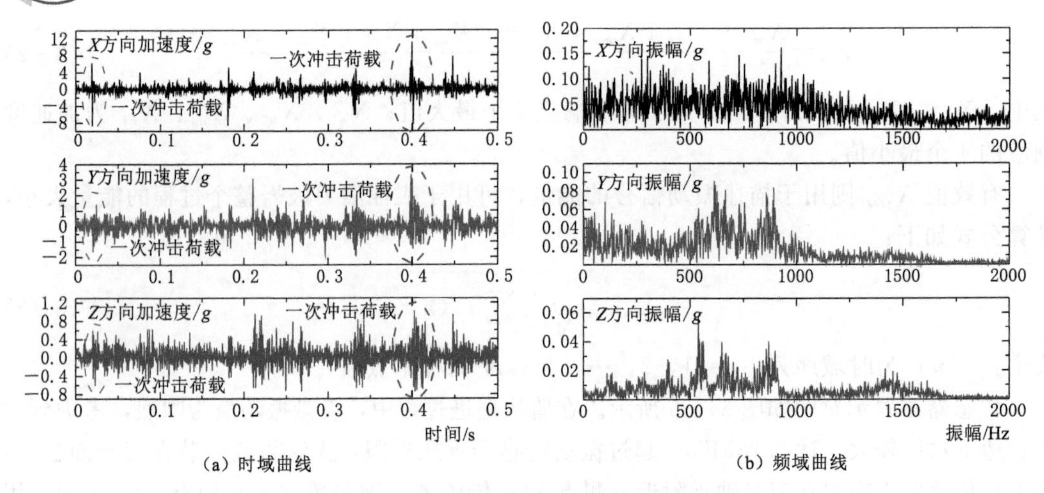

(a) 时域曲线　　(b) 频域曲线

图3-56　测点1三轴加速度响应

应，但其响应峰值远低于X方向，这是由于在滚刀破岩力中，滚刀法向力F_V与X方向同向，其远大于切向力F_R和侧向力F_S，且刀盘X方向合力为刀盘上所有滚刀破岩力法向力F_V累加的结果，而Y，Z方向合力则因为每把滚刀切向力F_R各不相同而出现相互抵消。从图3-56（b）中的频域曲线也可以看出，滚刀破岩法向荷载的响应频率分布十分广泛，主要集中在0～1250Hz，存在无数个峰值频率，这是刀盘上所有滚刀同时破岩受到的法向冲击荷载叠加的结果，表明滚刀破岩法向荷载激振频率分布较为广泛。Y方向和Z方向的响应频率则基本与X方向相同，这是由于在全断面硬岩地层中刀盘Y方向和Z方向的破岩力基本一致。

图3-57（a）为人仓内部处测点2X、Y、Z 3个方向的加速度响应时域曲线，图3-57（b）通过傅里叶变换得到的频域曲线。由图3-57（a）可知，与测试点1相比，测试点2处的加速度响应已经衰减到较小值，基本在20m/s^{2}以内，且时域曲线波峰已无法准确反映出冲击荷载的作用特性，这是由于盾构各机械连接之间的阻尼导致的振动能量损耗，但荷载的响应频率范围基本与刀盘轴承出测试点1相同，仍主要分布在0～1250Hz。

环梁处测试点3的三轴加速度响应时域曲线如图3-58（a）所示，图3-58（b）为通过傅里叶变换得到的频域曲线。从人仓到环梁，加速度响应再次大幅度衰减，环梁处测点加速度响应幅值已经衰减到不超过2m/s^2，环梁处测点已经几乎不受滚刀破岩冲击荷载的影响，响应频率也发生了改变，1000Hz以上的高频响应基本消失。总体分析可知，从刀盘到轴承到环梁，振动衰减十分迅速，滚刀破岩力作为激振荷载，离振源越近，加速度响应越大，即刀盘驱动系统加速度响应最大，随后动力响应在传递过程中被盾构机各结构之间的阻尼连接有效地耗散，泥水盾构机减振性能优良，支撑-推进系统加速度响应最小，支撑-推进系统较小的动力响应意味着掘进过程中推进千斤顶处于稳定状态，这保证了泥水盾构的正常掘进。

3.3.3.4　原位掘进试验

掘进参数的变化会直接影响滚刀破岩荷载，盾构刀盘的动力响应对滚刀破岩荷载具有极端敏感性，可用于分析掘进参数与冲击荷载之间的关系，因此，在接下里来的分析中仅对测试点1监测结果进行分析。对于本工程中采用的盾构机而言，推进速度和刀盘转速为

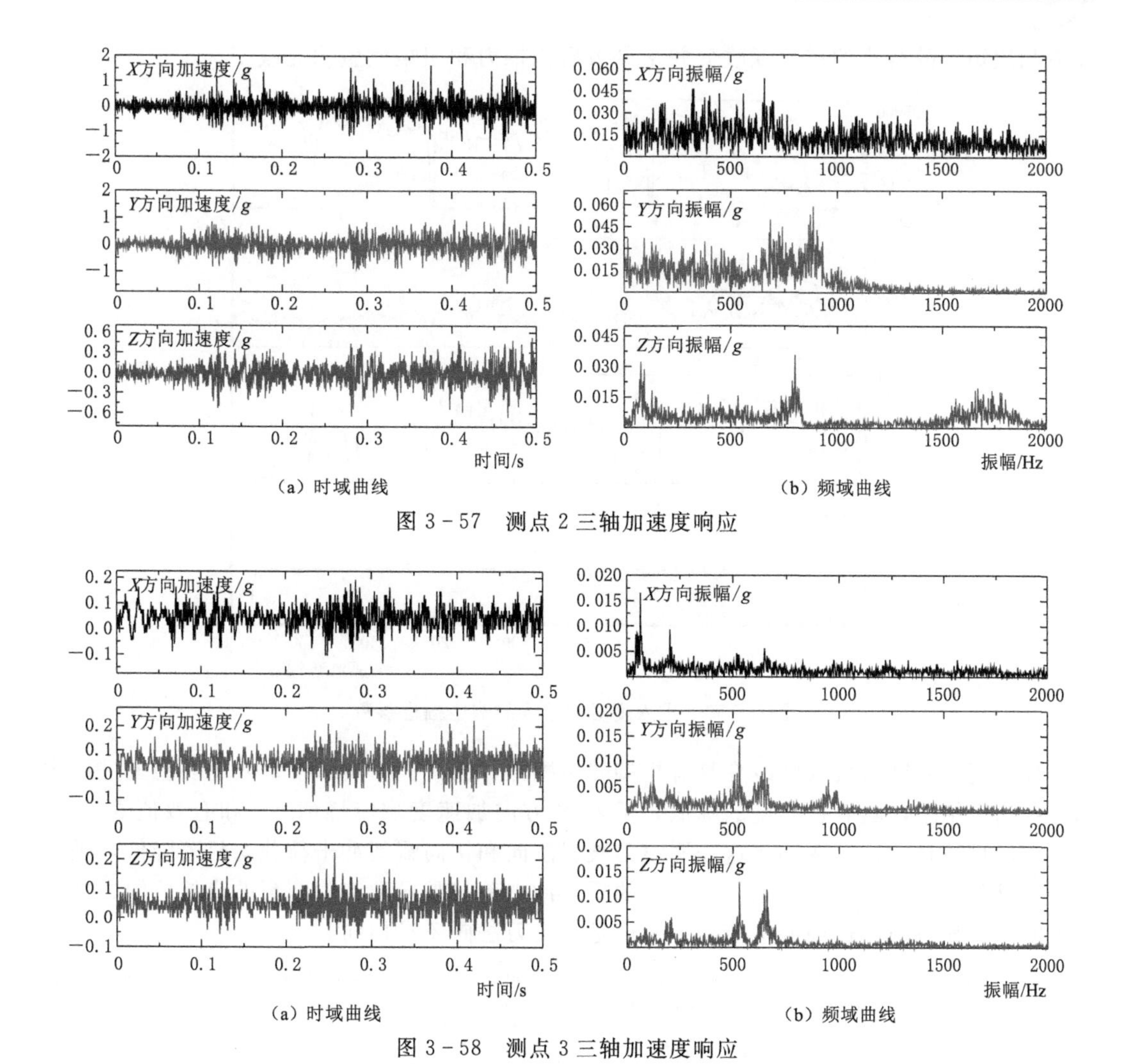

图 3-57　测点 2 三轴加速度响应

图 3-58　测点 3 三轴加速度响应

掘进过程中的主动控制参数，盾构推力和刀盘扭矩则通过液压系统自动调节，控制推进速度和刀盘转速在合理范围内是降低刀具磨损的最常用手段。为探究推进速度、刀盘转速、贯入度等参数对刀盘动力响应的影响，降低滚刀刀圈断裂的数量，开展了一系列的现场原位掘进实验。实验过程中，盾构机每环记录 60 个传统掘进参数，动力响应实时监测分析系统每 15min 记录一次三轴加速度。

1. 贯入度对加速度响应的影响

提高推进速度的常用方法是增加贯入度，以往的研究表明，贯入度的增大将导致推力和扭矩的增大，但贯入度对刀盘动力响应的影响尚不十分清晰。1254～1256 环被选取开展实验，用于分析贯入度对刀盘动力响应的影响。图 3-59 展示了贯入度测试的掘进参数，在 1254～1256 环掘进过程中，刀盘转速被维持在 1.7r/min，贯入度从 3.5mm 降低到 2.4mm，刀盘推力和扭矩并未发生显著变化，需要注意到，这里并非是滚刀破岩法向力 F_V 和切向力 F_R 未发生改变，而是泥水盾构刀盘推力和扭矩组成复杂，滚刀破岩力、盾体与围岩间的摩擦阻力、泥水仓泥水压力，刀盘与开挖面间摩擦阻力等因素均能影响总推力和扭矩，故微小的贯入度改变并未导致盾构推力和扭矩发生明显改变。

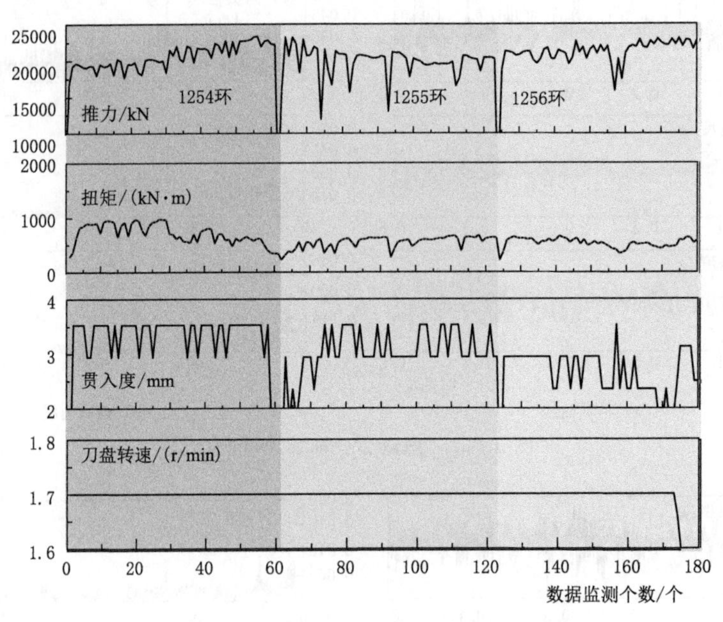

图 3-59　贯入度对加速度的响应掘进参数

加速度响应则对贯入度改变具有极端的敏感性，图 3-60 展示了贯入度实验掘进段中加速度响应结果，随着贯入度的降低，X 和 Y 方向加速度响应峰值 X_p 和有效值 X_{rms} 急速下降，且波动性逐渐变小，这表明滚刀破岩法向和切向瞬间冲击荷载均显著降低，破岩能量也显著下降。高贯入度条件下较大的瞬间冲击荷载是导致刀圈断裂的直接原因，减小贯入度可以显著降低这种冲击荷载，无论是在滚刀法向还是切向。

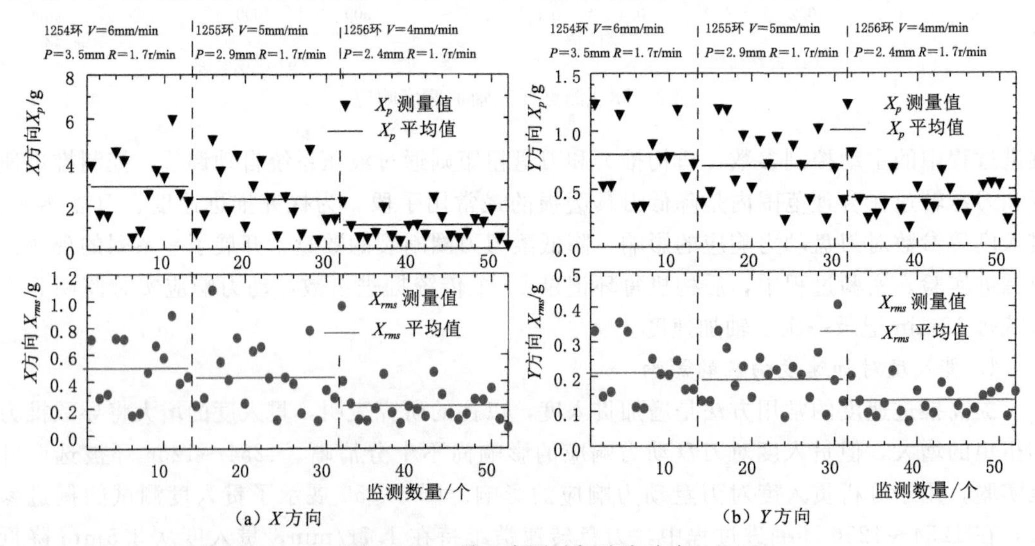

(a) X 方向　　(b) Y 方向

图 3-60　贯入度测试加速度响应

2. 刀盘转速对加速度响应的影响

提高推进速度的另一种方法是提高刀盘转速。1262～1264 环被选取开展实验用于分析刀盘转速对加速度响应的影响。图 3-61 展示了刀盘速度测试的掘进参数，在 1262～1264 环掘进过程中，贯入度维持在 4.7～5.0mm，基本保持不变，刀盘转速从 1.4r/min 提升到 1.8r/min，刀盘推力和扭矩则表现出轻微增大的趋势。图 3-62 为旋转速度测试的加速度响应结果，加速度响应对转速改变同样具有极端的敏感性，X 和 Y 方向加速度响应峰值 X_p 和有效值 X_{rms} 表现出明显增大的趋势，尤其是在 X 方向，这表明滚刀破岩法向和切向瞬间冲击荷载均显著变大。刀盘转速增加导致冲击荷载和破岩能量的变大主要来源于两个方面：首先，随着刀盘转速的增加，单位时间内破碎的岩石更多，其破岩能量必然更大；其次，刀盘转速的增加将导致岩石应变率显著变大，单次岩石破碎瞬间冲击荷载必然变大。这也解释了 1215 环和 1235 环开仓时刀具断裂主要以边缘滚刀为主的原因，边缘刀具较高的转速导致的较大的冲击荷载。毫无疑问，降低刀盘转速也是降低破岩冲击荷载，减少刀圈断裂的有效方法。

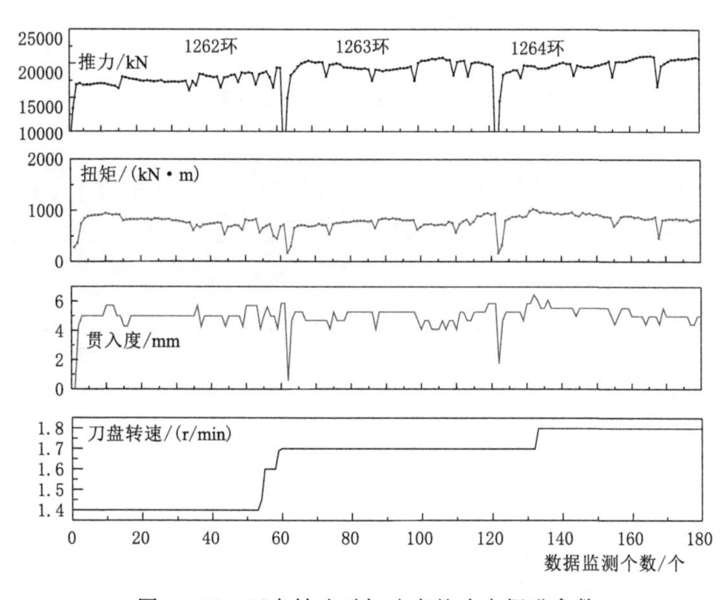

图 3-61 刀盘转速对加速度的响应掘进参数

3. 推进模式对刀盘振动的影响

降低贯入度和转速均可有效降低冲击荷载，但是将不可避免地带来掘进速度的降低，长时间低速掘进意味着更长的工期这在实际工程中往往是不可接受的。在保证推进速度不变的前提下，实际施工中通常有两种推进模式，即高贯入度低转速和低贯入度高转速两种掘进模式，选择哪种推进模式取决于他们对刀具损坏的影响。为分析哪种掘进模式最有利于降低滚刀破岩冲击荷载，在 1226 环和 1243 环两个掘进段开展了两次掘进模式实验。如图 3-63 所示，在 1226 环掘进过程中，掘进速度被维持在 6mm/min，刀盘转速从 1.3r/min，提升到 1.5r/min，贯入度则从 4.6mm 降低到 4mm，在 1243 环掘进过程中，掘进速度被维持在 8mm/min，刀盘转速从 1.5r/min，提升到 1.6r/min，贯入度则从 5.3mm 降低到 5mm。可以发现，掘进模式改变后，推力和扭矩几乎没有任何影响。

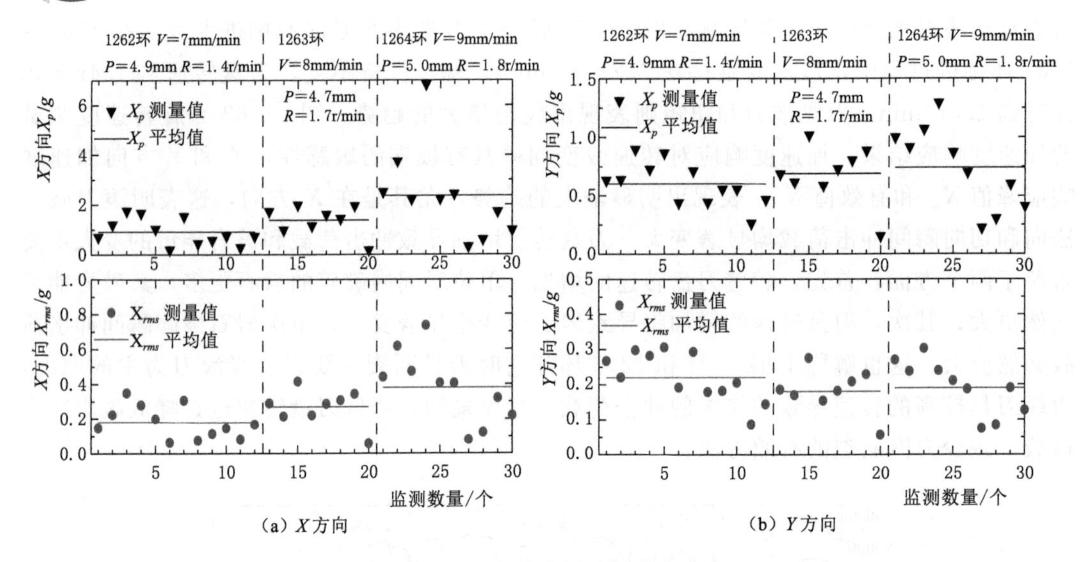

（a）X 方向　　（b）Y 方向

图 3-62　刀盘转速测试加速度响应

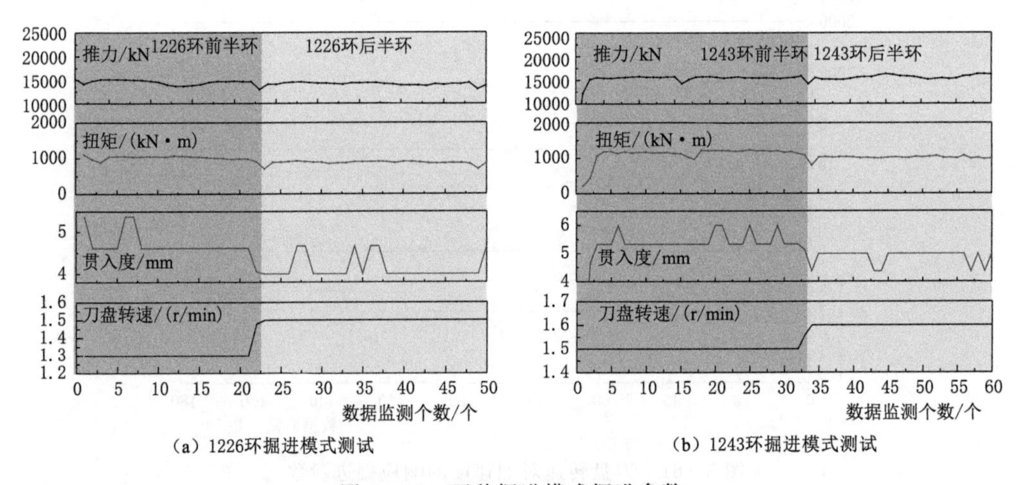

（a）1226环掘进模式测试　　（b）1243环掘进模式测试

图 3-63　两种掘进模式掘进参数

图 3-64 为两种不同掘进模式条件下 X 和 Y 方向加速度响应结果，可以发现，两次掘进模式实验中，在降低贯入度并提高刀盘转速后，两个方向的加速度响应峰值 X_p 和有效值 X_{rms} 显著降低。这表明尽管贯入度降低和转速的提高对冲击荷载的影响存在相互抵消，但贯入度对冲击荷载的影响更大，低贯入度高转速模式下滚刀破岩瞬间冲击荷载明显降低，这将十分有助于在保证掘进效率的前提下减少刀圈断裂。

4. 破碎砂岩地层中的掘进模式

盾构隧道在穿越 1200 环附近时穿越一个破碎的砂岩地层，岩体节理裂隙十分发育，且较为破碎，在此同样采用了两种不同的掘进模式进行测试，如图 3-65 所示，在 1200 环和 1201 环掘进过程中，掘进速度被维持在 8mm/min，刀盘转速从 1.3r/min 降低到 1.2r/min，贯入度则从 6.2mm 提高到 6.7mm，推力扭矩则无明显变化。图 3-66 为两种不同掘进模式条件下 X 和 Y 方向加速度响应结果，与全断面石英砂岩地层不同，在破碎砂岩地层中

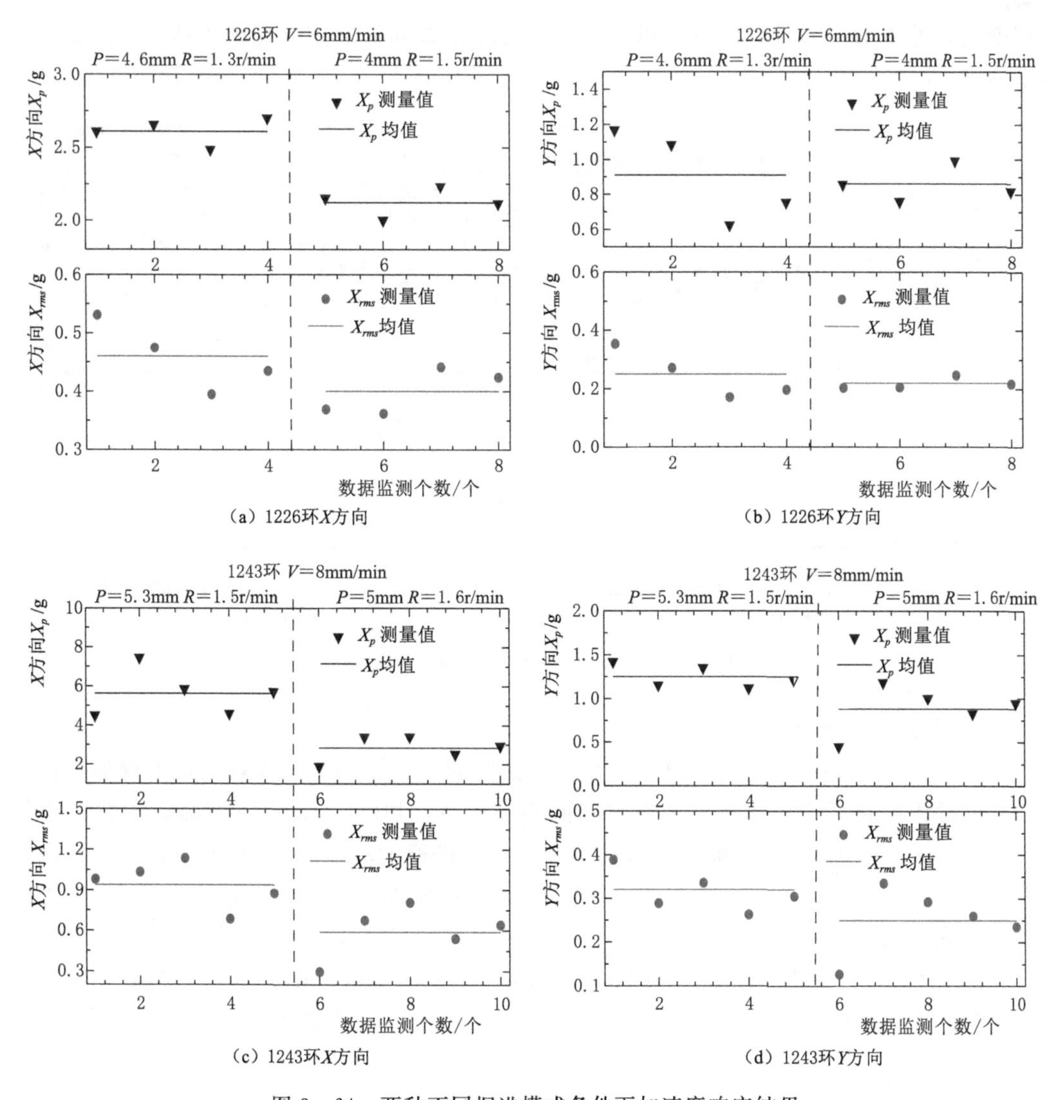

（a）1226环X方向　（b）1226环Y方向

（c）1243环X方向　（d）1243环Y方向

图 3-64　两种不同掘进模式条件下加速度响应结果

Y 方向加速度响应显著高于 X 方向。分析原因认为，破碎砂岩地层中岩体无需再破碎，滚刀法向力显著降低，激振荷载主要来源于刀盘旋转导致滚刀切向与破碎岩体之间剧烈的碰撞作用。在保持速度不变并且提高贯入度降低刀盘转速后，X 方向加速度响应只有微小的变化，Y 方向响应峰值 X_p 和有效值 X_{rms} 则明显变大。这表明尽管贯入度降低和转速的提高对冲击荷载的影响存在相互抵消，但贯入度对冲击荷载的影响更大，较高的贯入度将导致滚刀切向与岩体之间的碰撞

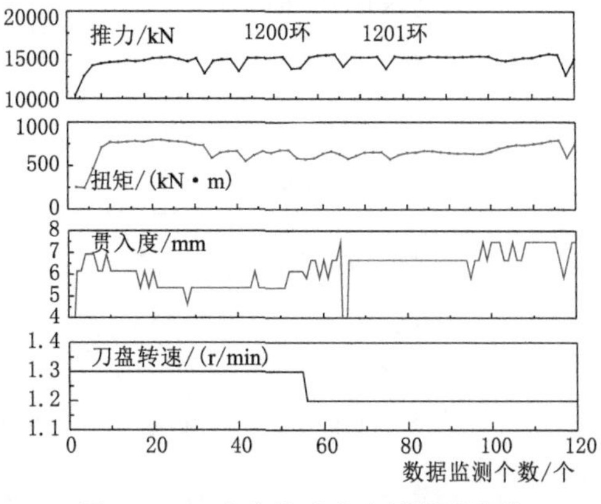

图 3-65　破碎的砂岩地层掘进参数

面积变大，冲击效应增大。因此，低贯入度高转速模式同样适用于在破碎地层中降低滚刀冲击荷载。

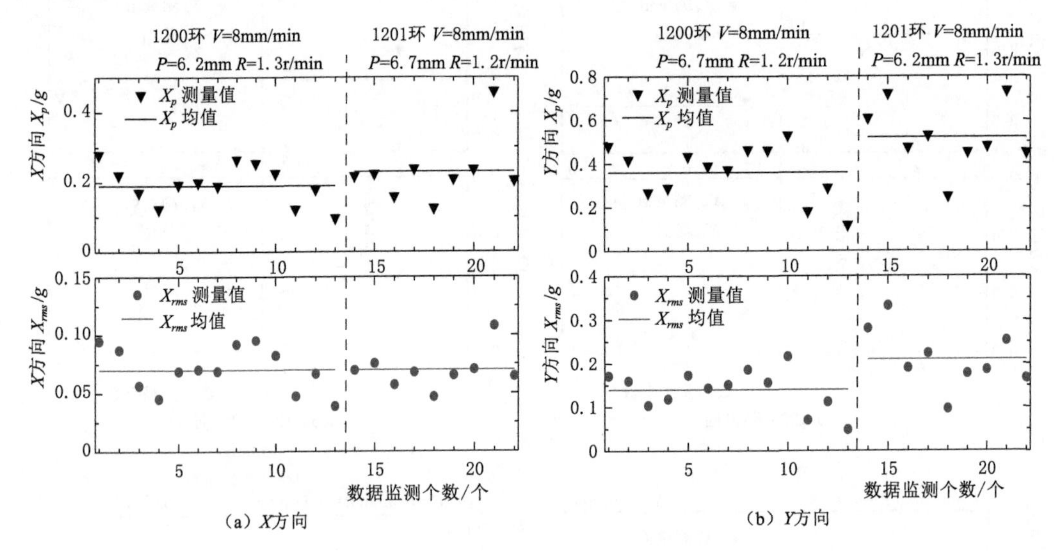

(a) X方向　　(b) Y方向

图 3-66　破碎的砂岩地层加速度响应

5. 刀具磨损数据验证

1215 环开仓后占比高达 23.81%的盘形刀具断裂严重影响了工程效益，工程师在接下来的掘进过程中必须不断调整掘进参数降低冲击荷载。1196～1256 环的掘进参数调整如图 3-67 所示。在 1215 环以前，掘进速度较快，掘进速度均值达 8.5mm/min，且贯入度较大，达 7.11mm。1215 环到 1235 环推进速度被降低，主要是通过降低贯入度到 5.12mm。从 1235 环到 1256 环，推进速度则基本没有改变，贯入度从 5.12mm 下降到 4.27mm，刀盘转速从 1.23mm 提升到 1.25mm，即采用低贯入度高转速的掘进模式。刀具磨损类型变化情况如图 3-68 所示。可以很明显地发现，在降低贯入度后，1235 环开

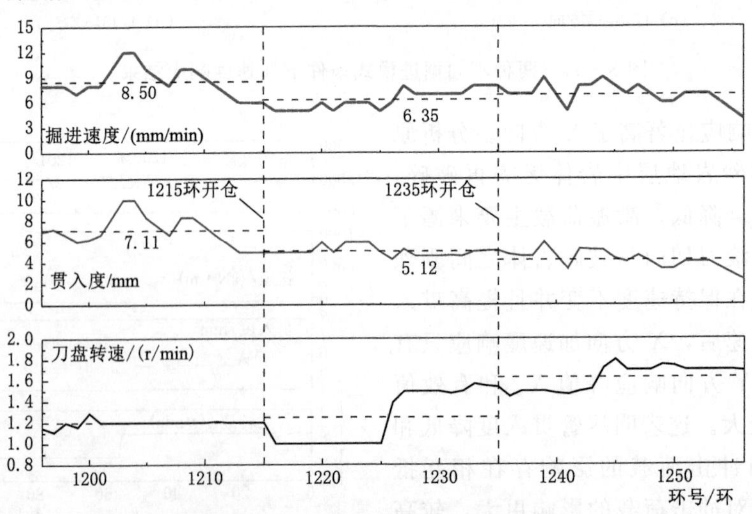

图 3-67　三次开仓前掘进参数调整

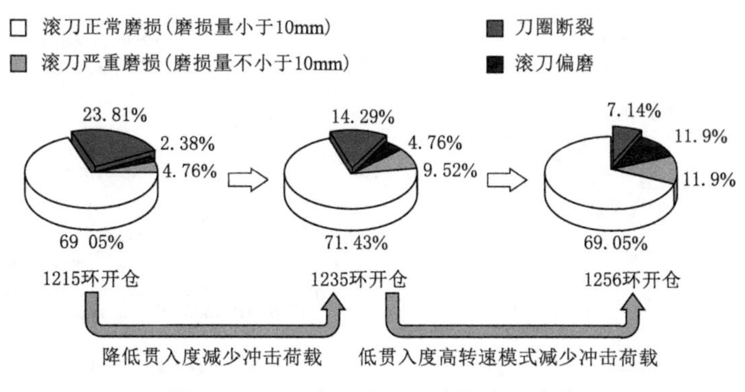

图 3-68　三次开仓刀具磨损占比变化

仓时盘形刀具断裂的占比从 23.81%下降到 14.29%。在转变为低贯入度高转速模式后，在保持速度不变的情况下 1256 环开仓时断裂刀具占比再次下降到 7.14%。断裂刀具数量的不断下降表明降低贯入度和采用低贯入度高转速掘进模式两种方法有效地降低了冲击荷载对刀具的损伤，这验证了加速度响应的测试结论。同时，必须注意到，随着两种调整参数后贯入度的不断降低，尽管刀圈断裂的占比在减少，但是平磨和严重磨损的刀具占比也在不断加大。这是由于贯入度降低导致滚刀切向力降低进而无法自转和切削螺旋迹长加大导致的，所以贯入度的降低必须有一个限制。

3.3.3.5　地层特征实时识别

动力响应对地层变化具有极强的敏感性，依据动力响应，结合地勘报告，可实现对地层进行实时识别。以 1305 环附近为例，盾构穿越粉色砂岩破碎地层，其推力、扭矩如图 3-69 (a) 所示。X 方向和 Y 方向动力响应强度如图 3-69 (c) 所示。静力学参数基本未有变化，动力响应强度发生明显衰减。以 1379 环附近为例，盾构穿越上软下硬地层，其推力、扭矩如图 3-69 (b) 所示。X 方向和 Y 方向动力响应强度如图 3-69 (d) 所示。在穿越上软下硬地层时，动力响应迅速下降，随着开挖面中硬岩地层的占比逐渐降低，加速度响应强度迅速降低。

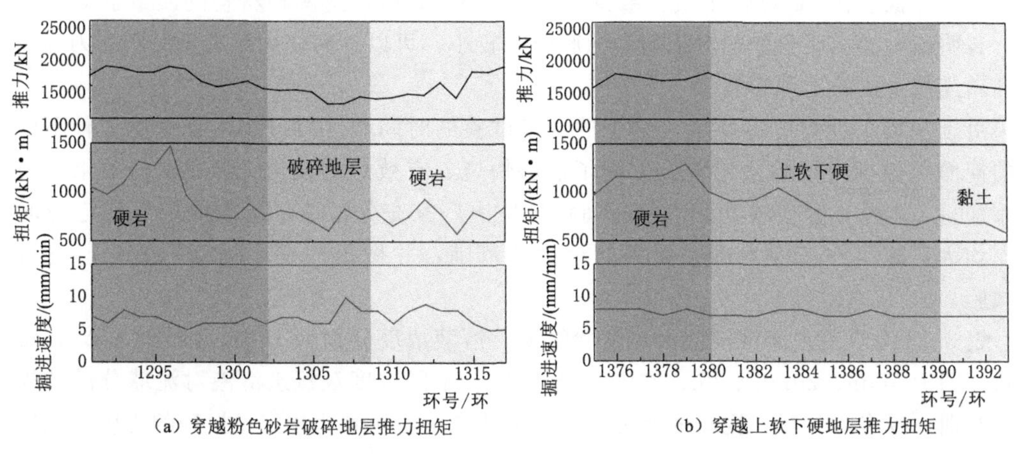

(a) 穿越粉色砂岩破碎地层推力扭矩　　(b) 穿越上软下硬地层推力扭矩

图 3-69 (一)　盾构穿越不同地层时静力学与动力学参数变化

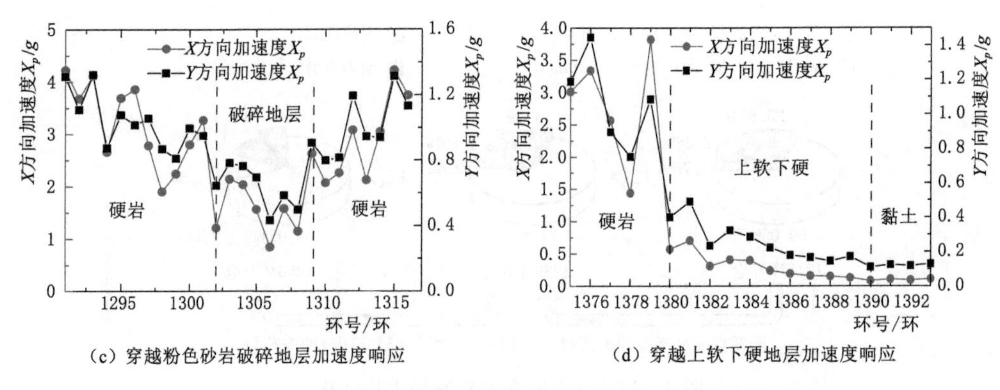

(c) 穿越粉色砂岩破碎地层加速度响应

(d) 穿越上软下硬地层加速度响应

图 3-69（二）　盾构穿越不同地层时静力学与动力学参数变化

3.4　砂卵石夹黏土地层泥饼处置技术研究

3.4.1　分散剂浸泡泥球试验

根据盾构参数变化和现场实际情况分析，判断刀盘开口已全部被泥饼糊死，因此采用分散剂进行泡舱处理。现场选用了双氧水、Ⅰ型分散剂、Ⅱ型分散剂 3 种分散剂进行泡舱试验，其中Ⅰ型和Ⅱ型分散剂为 SD 黏性土质分散剂。

黏性土质分散剂是一种具有亲水性的界面活性剂，可均匀分散固体颗粒，同时也能防止颗粒沉降与团聚。其分散机理在于，电离成离子后吸附于颗粒表面，使其形成一种双电层结构，致其表面电荷密度提高，通过表面同种电荷斥力作用，克服颗粒间范德华力，实现分散效果。SD 黏性土质分散剂主要是由聚合物、除黏剂、强力渗透剂、稳定剂等成分组成。该分散剂分子与黏土颗粒接触后通过静电斥力吸附于黏土颗粒表面；然后通过渗透作用，快速进入土体内部，将大块的土体进行分散、分离。在实践中，SD 黏性土质Ⅰ型分散剂主要用于土压盾构，与泡沫剂同时使用，Ⅱ型分散剂不需要与其他介质混合使用，适用范围较广。另外，将 SD 黏性土质分散剂对钢筋和橡胶进行浸泡试验，测试结果显示，钢筋和橡胶在 SD 黏性土质分散剂中完全浸泡 8h 后，这两种材料的质量前后变化不大，表明该黏性土质分散剂对钢筋和橡胶影响较小，可以忽略使用此类分散剂对刀盘、管路和软连接造成的不利影响。

由于现场工程进度等要求，给予的现场试验的时间和区段较少，且对比 3 种不同种类的泡舱分散剂，试验量比较大。为了能够快速、有效地测试出 3 种材料的效果和最优的添加量，3 种分散剂浓度和泡舱时间均是按照厂家充分讨论，选取的浓度和泡舱时间间隔均为厂家以往工程案例中使用的最优的范围，并做了一些小幅度的变化，进行现场试验。

表 3-6 为双氧水溶液浸泡泥球试验结果，溶液浓度分别为 15%、20%、25%，浸泡时间分别为 5min、20min、2h、24h。结果表明，不同浓度双氧水溶液对泥球分散效果无明显差别，浸泡 24h 后，泥球依然可以较完整地拿出，达到比较容易捏碎的程度，表明双氧水溶液对本工程的泥球作用效果缓慢。

表 3-6 双氧水浸泡泥球试验结果

序号	浓度	5min	20min	2h	24h
1	15%	泡沫溢出	无新泡沫产生	泥球无明显变化	泥球能拿出，比较容易捏碎
2	20%	泡沫溢出	无新泡沫产生	泥球无明显变化	泥球能拿出，比较容易捏碎
3	25%	泡沫溢出	无新泡沫产生	泥球无明显变化	泥球能拿出，比较容易捏碎

表 3-7 为Ⅰ型分散剂浸泡泥球试验结果，溶液浓度为 1.8%、2.2%、2.8%，浸泡时间分别为 5min、20min、2h、24h。结果表明，Ⅰ型分散剂对泥球具有一定溶解作用，较双氧水效果好，但不同浓度Ⅰ型分散剂对泥球作用效果基本无差别。表 3-8 为Ⅱ型分散剂浸泡泥球试验结果，溶液浓度为 5%、8%、10%，浸泡时间分别为 5min、20min、2h、24h。结果表明，Ⅱ型分散剂对泥球分解能力明显好于双氧水和Ⅰ型分散剂；不同浓度的分散剂对泥球的分解能力有较明显差异，浓度 8%的分散剂对泥球分解效果最好。图 3-70 为不同类型泡舱溶液浸泡泥球 24h 后照片，对比可知，双氧水浸泡后的泥球仍具有较高的黏性，不易分散，而分散剂浸泡后的泥球黏聚力降低，极易分散，在刀盘转动下，不易再与卵石形成质密的泥饼包裹体。根据试验结果，最终采用 8%浓度的Ⅱ型分散剂作为刀盘结泥饼处理添加剂。

表 3-7 Ⅰ型分散剂浸泡泥球试验结果

序号	浓度	5min	20min	2h	24h
1	1.8%	泡沫未溢出	泡沫溢出	泥球表面软化	泥球能拿出，容易捏碎
2	2.2%	泡沫未溢出	泡沫溢出	泥球表面软化	泥球能拿出，容易捏碎
3	2.8%	泡沫未溢出	泡沫溢出	泥球表面软化	泥球能拿出，容易捏碎

表 3-8 Ⅱ型分散剂浸泡泥球试验结果

序号	浓度	5min	20min	2h	24h
1	5%	泡沫溢出	泡沫溢出停止	溢出液面回落	泥球能拿出，变小，容易捏碎
2	8%	泡沫溢出较多	泡沫溢出停止	溢出液面回落	泥球拿出就碎，明显变小
3	10%	泡沫溢出最多	泡沫溢出停止	溢出液面回落	泥球能拿出，容易捏碎

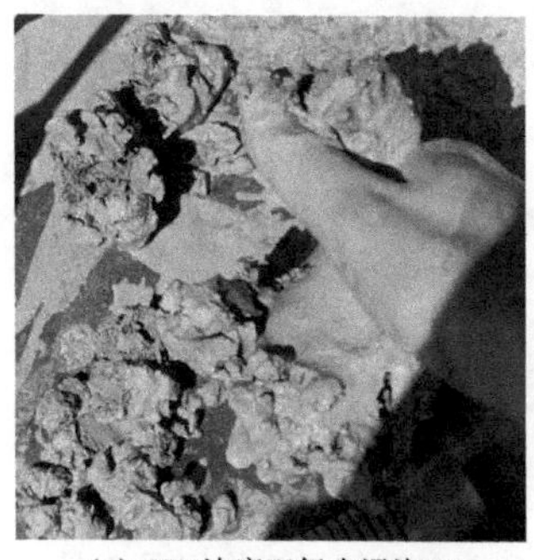
(a) 25%浓度双氧水浸泡24h

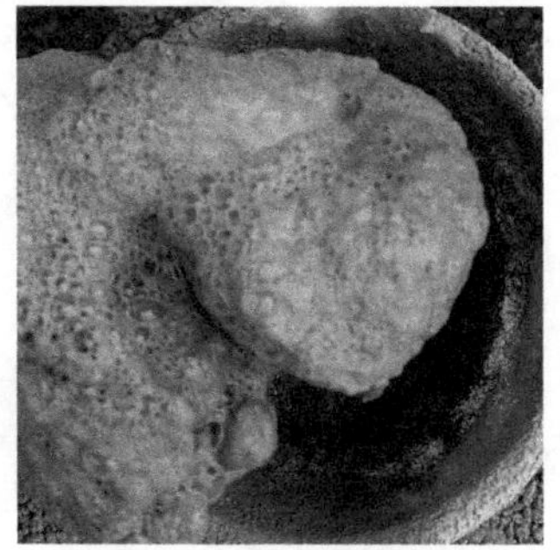
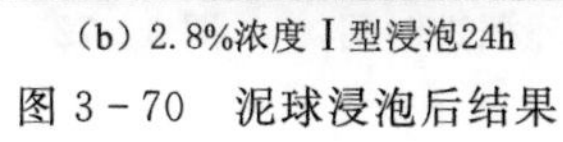
(b) 2.8%浓度Ⅰ型浸泡24h

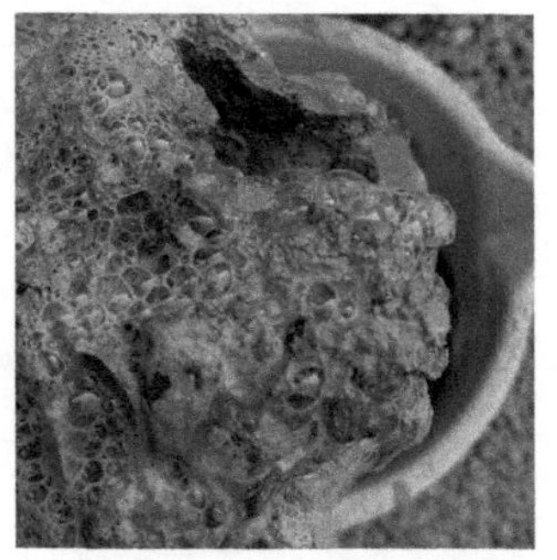
(c) 8%浓度Ⅱ型浸泡24h

图 3-70 泥球浸泡后结果

3.4.2 泥饼处理现场措施

1. 泡舱过程

盾构掘进从145环进入卵石夹黏土地层开始，总推力、刀盘扭矩增加，推进速度下降，每环掘进时间大幅增加。从图3-71可以看出，在311环时扭矩达到最大；从图3-71可以看出，盾构掘进311环时，每环掘进时间较之前大幅增加，增加到180min。此时刀盘结泥饼已非常严重，因此采用Ⅱ型分散剂进行泡舱。分散剂采用刀盘高压冲洗泵注入泥水舱中。通过自吸泵将分散剂注入到台车清水箱中，再采用刀盘冲洗泵注入泥水舱中。由于分散剂注入泥水舱后与泥浆产生化学反应，产生气体和泡沫。根据现场测试，在气垫式平衡盾构机中注入1m^{3}分散剂，耗时40min，期间气垫舱液位由－3m上升到＋6m（气垫舱泥浆满舱）。因此，在注入分散剂过程中应注意以下事项：

（1）停机注入分散剂期间需保证掌子面稳定，切口压力需能平衡水土压力。

（2）为防止产生的气体使得切口压力上涨过快，分散剂注入过程应少量多次注入，气垫舱液位上涨1m后停止注入，当液位下降到原始液位后再注入，直到分散剂全部注入完成。

（3）恢复掘进前通过samson系统将泥水舱中气体排出。

（4）泡舱过程中需加强刀盘位置地表沉降监测频率。

第一次泡舱共注入2m^{3}分散剂溶液，泡舱4h，使得部分泥饼被分解，缓解了泥饼糊死刀盘开口的问题，但未彻底将泥饼分解完全，又掘进10环后至321环，321环掘进时间达到了254min，因此停机进行第二次泡舱，此次泡舱共使用分散剂溶液8m^3，泡舱36h，结束泡舱后，从图3-71可以看出，322环后每环掘进时间大幅缩短，盾构掘进参数均向好发展，泥饼被彻底分解，解决了刀盘堵塞、结泥饼问题。

2. 泡舱效果分析

此次泡舱取得了既定效果，使刀盘结泥饼全部分解。从盾构参数的总体表现来看，总推力、刀盘扭矩和每环掘进时间大幅度降低。总推力从最大20680kN减小到约13000kN，刀盘扭矩从最大3462kN·m减小到约1300kN·m，每环掘进时间由最大的254min减小到约70min。掘进速度线性增加，由最小的5mm/min增加到约25mm/min。另外，本次泡舱的成功还与地层土体结构有关。如图3-72所示，在黏土包裹卵石的情况下，黏土、卵石之间的界面给浸泡提供更多渗透的通道。更多的Ⅱ型分散剂通过渗透通道进入泥饼中，大大增加了与黏土接触面积，从而软化、分散泥饼。

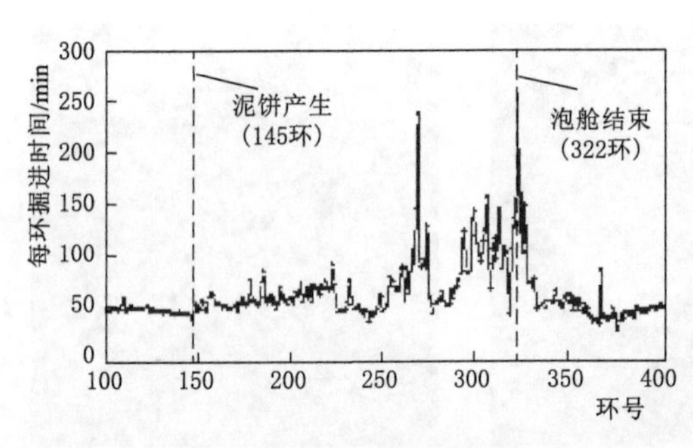

图3-71　100～400环盾构掘进每环掘进时间

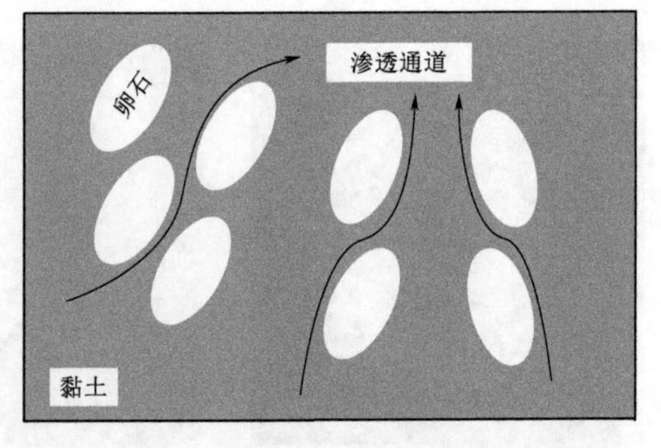

图3-72　黏土卵石包裹体浸泡作用示意图

3.5 本 章 小 结

(1) 对盾构机掘进参数进行分析，提出了“盾构掘进参数动态类型”概念，总结了“三参数”3种类型，分别为“正常型”“刀盘型”“单一型”。并利用这3种类型，对北京南水北调团九二期二标工程盾构掘进参数进行了分析。

(2) 首次提出通过泥水盾构排出渣土特点分析地质条件变化为基础的复杂地质条件泥水盾构高效掘进分析模型，并结合北京南水北调输水隧洞泥水盾构穿越砂卵石夹黏土地层实例、穿越断层破碎带实例、穿越全断面石英砂岩实例和含砾黏土地层实例，从地质分析、岩土分析、盾构掘进参数分析、其他分析和综合分析五个方面推断盾构施工目前的状态和出现的问题。该技术理念和方法一定程度实现了盾构施工全过程、全专业实时控制，对保证盾构施工安全、高效有重要的意义。

(3) 提出了利用一环（约60个）参数方差表示滞排严重程度的参数瞬态分析方法。结合砂卵石地层和断层破碎带地层实际统计数据，划分了滞排严重程度3个方差区间，分为无滞排、存在滞排和严重滞排，将工程管理定量化。

(4) 统计了北京南水北调团九二期二标项目刀具磨损详细数据，对刀具磨损形式进行了详细分析，分析了刀具磨损系数在砂卵石硬岩混合地层（上软下硬）、第一次全（强）风化地层、第一次强（中）风化地层、第二次全（强）风化地层、第二次强（中）风化地层中的变化规律。通过分析磨损系数与换刀数、刀具异常磨损数之间关系，揭示了刀具在断层破碎带和全断面硬岩地层的磨损与失效规律，明确了刀盘振动强度与地层变化和掘进参数之间的定量关系，形成了困难地层泥水盾构施工高效掘进分析模型。

(5) 总结了泥水盾构掘进砂卵石夹黏土地层泥饼处置等施工技术。

第4章　泥浆环流系统工作性能及安全评价成套技术研究

4.1　泥水盾构环流系统

泥浆环流系统由进浆泵、排浆泵、管路、控制阀组、接管器、泥水处理系统等组成，其作用是及时向开挖面的泥水仓提供掘进施工所必需的泥浆，用以稳定开挖面，同时把切削下来的岩渣等输送至地面进行分离和处理，再将回收的泥浆调整配比后重新运输到开挖面，实现泥浆的循环利用，泥浆环流系统示意如图4-1所示。

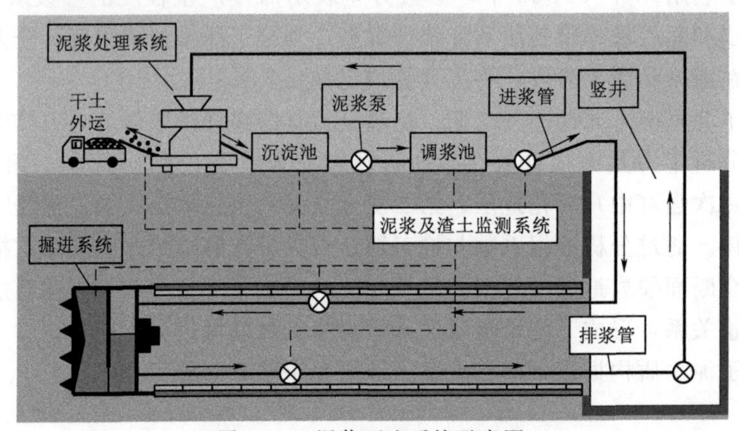

图4-1　泥浆环流系统示意图

在本工程中，原有泥水处理场地由于征地伐树问题不能使用，通过临标既有隧洞，延长环流系统管路将泥水处理场地布置在临标场地内的方法，有效解决了场地布置问题，至少将始发工期提前半年，管路规划如图4-2所示。

图4-2　泥浆循环系统场地布置规划

随着该方案的落实，环流系统管路延长 824m，贯穿两个标段，管路布置更为复杂，这使得本工程对环流系统的沿程压力损失控制、泥浆携渣能力、管路磨损与振动控制以及泥水分离系统的渣浆处理能力等都有了更高的要求。

4.2 环流系统沿程压力损失计算

4.2.1 研究概述

泥水盾构机在掘进时需将大量的不同粒径的异形石渣通过泥浆管道从开挖仓输送到隧道之外。环流系统输送过程中，输送的浆液的黏度、浆液与管道壁面之间的摩擦、浆液中的渣土等固相颗粒都会阻碍浆液运动而产生压力损失，固相颗粒与管道壁面的相对运动也会使管路产生一定的输送阻力，满足压力损失要求是环流系统正常工作的必要前提，本书旨在建立一套泥水盾构环流系统沿程压力损失的计算方法，确定渣浆泵分布位置，确保环流系统满足压力损失要求。

4.2.2 计算方法

如图 4-3 所示，环流系统内管道大致可分为水平直管道、竖直直管道、弯曲管道，现总结出下述计算方法：

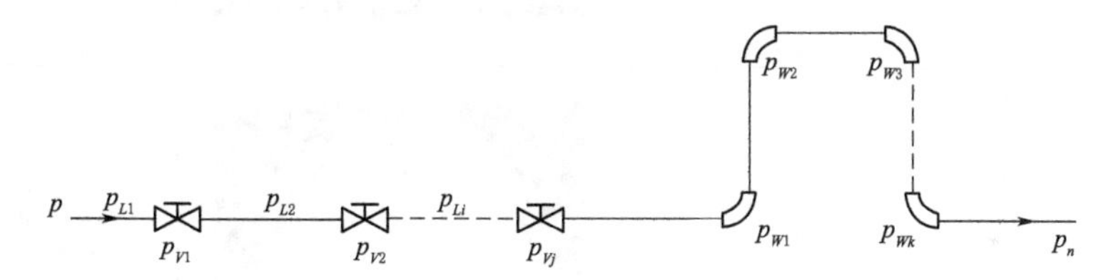

图 4-3 环流系统管路模型原理

$$\Delta P=\sum_{i=1}^{n}E_i+\sum_{j=1}^{m}E_j+\sum_{k=1}^{l}E_k+\Delta P_G \tag{4-1}$$

式中：E_i 为水平直线管道基本单元的沿程压力损失，Pa；n 为环流系统中始末两点内水平直线基本单元个数；E_j 为弯头段的沿程压力损失，Pa；m 为环流系统中始末两点内弯头数量；E_k 为竖直直管道基本单元的沿程压力损失，Pa；l 为环流系统中始末两点内竖直直线基本单元个数；ΔP_G 为由最高位置与最低位置的高程差值引起的重力势能损失，Pa。

基于 CFD-DEM 耦合技术，分别对水平直管道、竖直直管道、弯曲管道进行数值模拟计算，即可分别得出 $\sum^{n}E_i$、$\sum^{m}E_j$、$\sum^{l}E_k$，再通过确定环流系统内最高与最低两点高差值 Δh 确定其最高位置与最低位置的高程差值引起的重力势能损失 ΔP_G：

$$\Delta P_G=\rho g\Delta h \tag{4-2}$$

式中：ρ 为流体的密度；g 为当地重力加速度，取 9.81m/s^2；Δh 为两点间高程差值。

流体流动和传热过程遵循质量守恒定律、动量守恒定律和能量守恒定律，其数学模型分别为连续性方程、Navier-Stokes 方程和能量守恒方程，泥浆在排浆管道内的流动采用

被广泛应用的 $k-\varepsilon$ 双方程湍流模型进行计算，渣石受到其他渣石、泥浆和管壁的作用，采用牛顿第二运动定律进行描述，颗粒相取现场真实扫描结果，见表 4-1。

表 4-1　　部分渣石三维扫描结果

渣石名称	粒径大小	扫描模型图	实　物　图	EDEM 几何模型图
石头 2	5～20mm			
石头 5.1	20～50mm			
石头 5.2				
石头 5.3				
石头 5.4				

流体相与颗粒离散相计算结果进行耦合迭代，CFD-DEM耦合迭代原理如图4-4所示。

依据现场实际情况，取泥浆质量流量为191kg/s、黏度系数为0.9Pa·$s^{0.7}$、比重为1150kg/m^3、渣石质量流量为15.6kg/s，颗粒级配为0～150mm现场筛分级配，如图4-5所示。

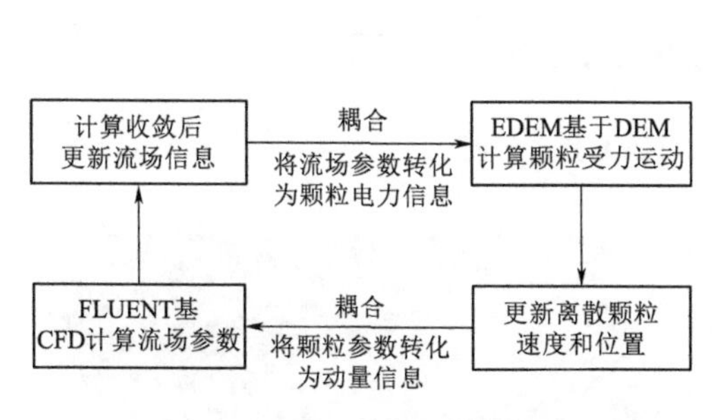

图4-4 FLUENT-EDEM耦合计算流程

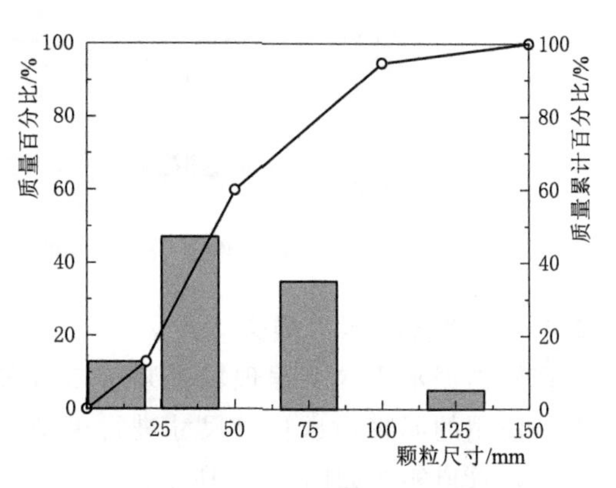

图4-5 渣石质量级配曲线

4.2.3 水平直管压力损失

采用三维建模软件对管道直线段建立几何模型，长度$L=10$m，直管管径$D=250$mm，对上述模型划分网格，模型采用多面体网格，由四面体网格优化而成，在保证网格质量的基础上，极大提高了计算效率。整个流体域网格数目约16万，网格密度如图4-6所示。

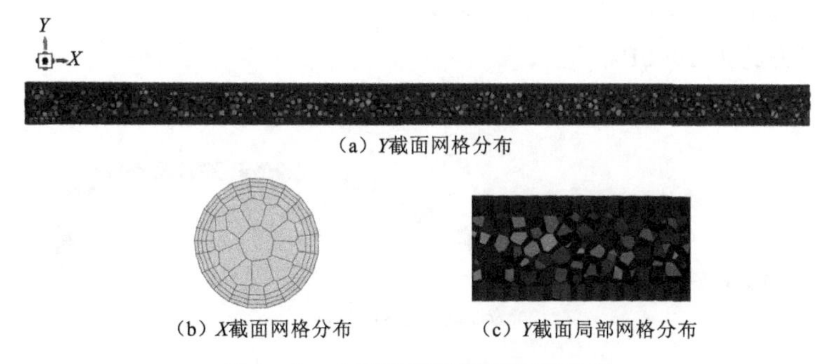

图4-6 水平直管道网格密度分布

图4-7、图4-8分别为水平直管道静压力分布云图和其总压力分布云图，总压力为静压力与动压力之和。水平管道长5m，其压差约为3500Pa，则水平直管道沿程压力损失约为700Pa/m。

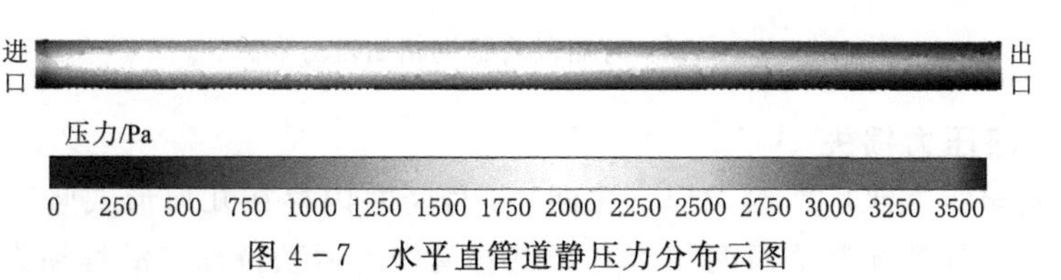

图4-7 水平直管道静压力分布云图

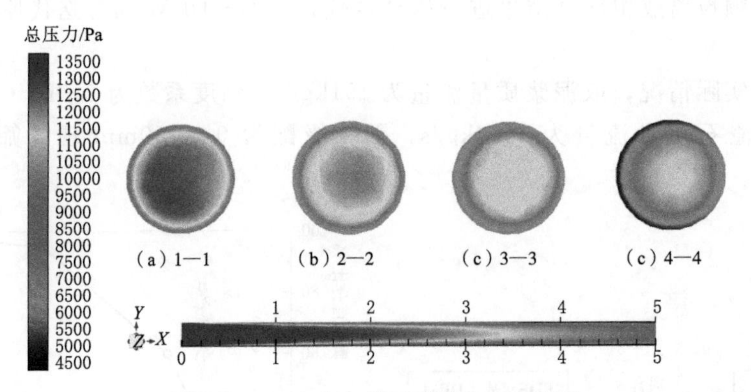

图 4-8 X 方向各截面总压力分布云图

4.2.4 弯曲管路压力损失

现根据泥水盾构工程现场排浆管二号泵位置处使用的泥浆输送管道尺寸进行模拟计算模型，管道实物如图 4-9 所示。

管道直径 $D=250$mm，为了避免因直管段长度不足使流场未充分发展，影响弯头部分的模拟结果准确性，将出口 L_{I} 设定为 3000mm，网格密度如图 4-10 所示。

图 4-11、图 4-12 分别为弯曲管道静压力分布云图与总压分布云图，弯曲管道总计长约为 11m，其压差约为 11000Pa，则该弯曲管道压力损失约为 1000Pa/m。

图 4-9 弯曲段管道建模参照实物图

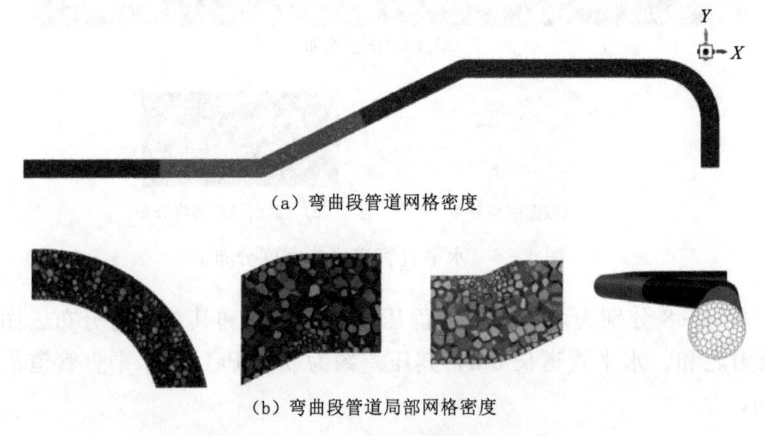

(a) 弯曲段管道网格密度

(b) 弯曲段管道局部网格密度

图 4-10 弯曲段管道网格密度分布

4.2.5 竖直管路压力损失

位于团城湖至第九水厂输水工程（二期）1 号竖井内存在几何形式竖直的管道，由于自身重力的作用，导致泥浆渣石两相流在竖直管道内的运动特性与沿程损失与水平管道内

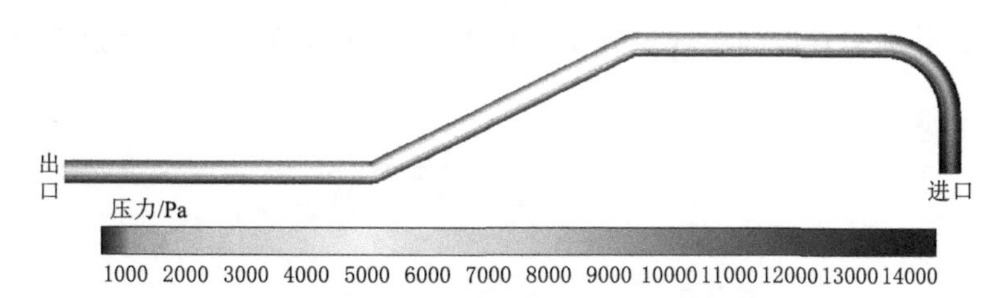

图 4-11　弯曲管道静压力分布云图

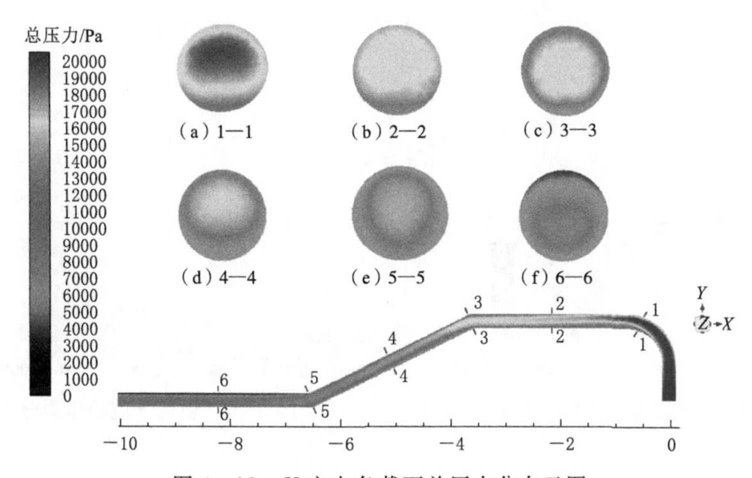

图 4-12　X 方向各截面总压力分布云图

的运动略有不同，特对其进行单独数值模拟分析，其管道实物图如图 4-13 所示。通过 Solidworks 三维建模软件，对泥水盾构工程现场 1 号竖井内使用的泥浆输送管道进行几何模型的建立。

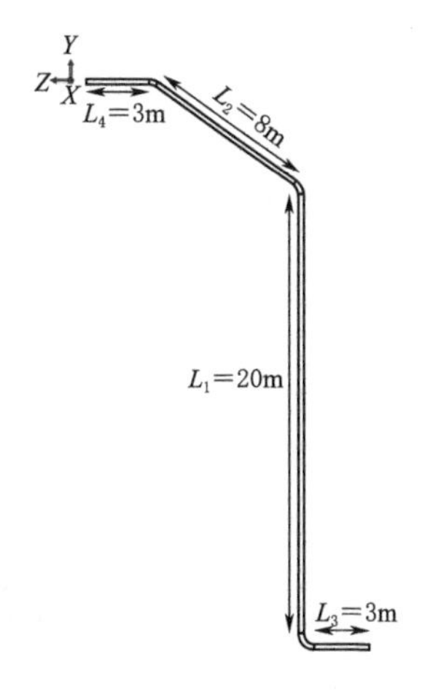

图 4-13　竖直段管道实物图与几何尺寸

管道直径 $D=250\text{mm}$，为了因直管段长度不足使流场未充分发展，影响模拟结果准确性，将进口端 L_3 设定为 3m、出口端 L_4 设定为 3m，网格密度如图 4-14 所示。

图 4-15、图 4-16 分别为竖直管道静压力分布云图与总压分布云图。竖直管道模型总计长约 34m，其中竖直段高 20m，其压差约为 25000Pa，则竖直直管道沿程压力损失约为 1250Pa/m。

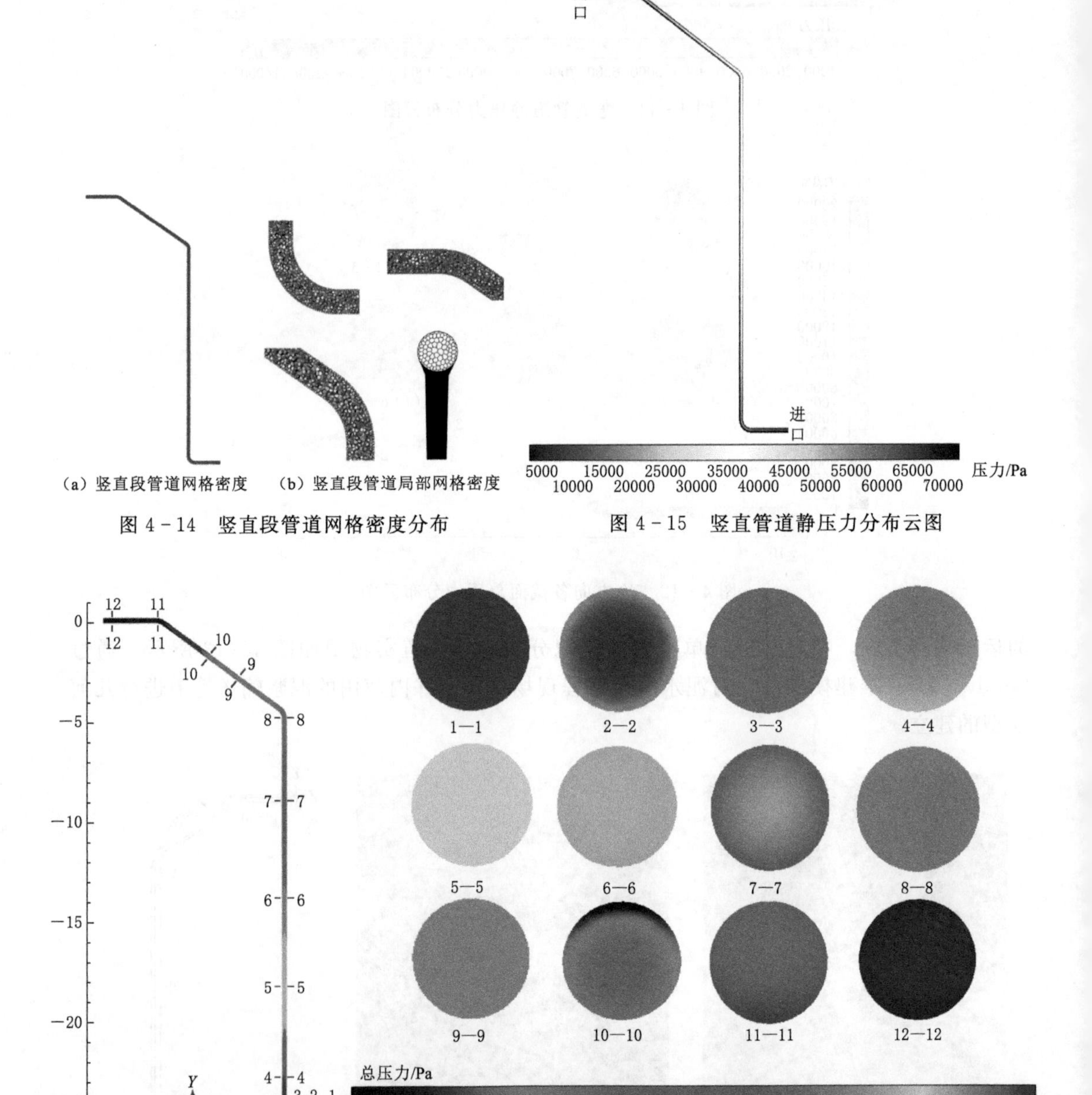

图 4-14　竖直段管道网格密度分布

图 4-15　竖直管道静压力分布云图

图 4-16　Y、Z 方向各截面总压力分布云图

4.2.6　计算结果验证

通过现场实测数据，取排浆管道 P22 泵出口位置与 P23 泵进口位置 10 组压力数据，

见表4-2，计算其两位置间现场实际沿程压力损失值，用以验证流固两相模型的有效性。

表4-2 排浆管现场实测压力值

组号	2号泵出口压力值/bar	3号泵入口压力值/bar	沿程压力损失值/bar	组号	2号泵出口压力值/bar	3号泵入口压力值/bar	沿程压力损失值/bar
1	8.8	0.2	8.6	6	8.8	0.6	8.2
2	9.1	0.7	8.4	7	8.6	0.6	8.0
3	8.9	0.3	8.6	8	8.8	0.5	8.3
4	8.4	0.7	7.7	9	8.3	0.2	8.1
5	8.8	0.7	8.1	10	8.7	0.3	8.4

注 每组数据为盾构机掘进相同环数时，P22泵出口与P23号泵入口位置压力表所测得的数据。

P22压力泵出口与P23压力泵间平面如图4-17所示。

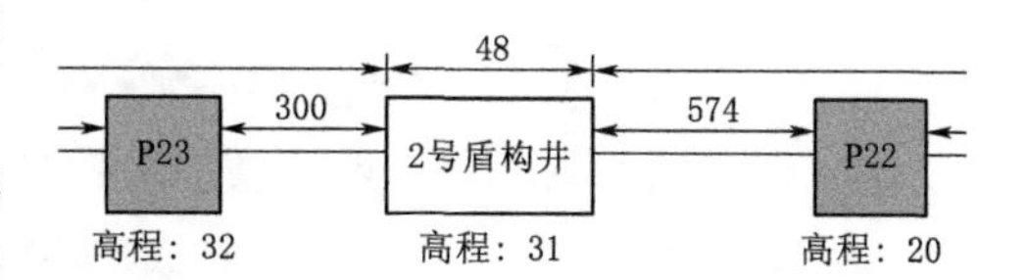

图4-17 P22号压力泵出口与P23压力泵出口平面图（单位：m）

由图4-17可知P22压力泵出口与P23压力泵间直线距离为922m，结合隧道内泥浆泵架设高度等信息，取P22与P23高差为-12.57m进行计算。

由于流固两相模型计算方法未考虑由高差带来的重力势能损失而造成的沿程压力损失，所以需手动计算其由重力势能损失而造成的沿程压力损失，P22压力泵出口与P23压力泵间由重力势能损失而造成的沿程压力损失 ΔP_G 见下式：

$$\begin{aligned}\Delta P_G &= \rho g \Delta h = 1150\times 9.81\div 12.57\\ &= 142000(\mathrm{Pa})\end{aligned}$$

通过上述计算结果水平直管道沿程压力损失约为700Pa/m，P22压力泵位置处弯曲管道段沿程压力损失约为11000Pa。所以通过流固两相模型计算方法得到的P22压力泵出口与P23压力泵间沿程压力损失为

$$\begin{aligned}\Delta P &= E_a l + E_b + \Delta P_G\\ &= 700\times 922 + 11000 + 142000\\ &= 798400(\mathrm{Pa}) = 0.798(\mathrm{MPa})\end{aligned} \tag{4-3}$$

式中：ΔP 为流固两相模型计算P22压力泵出口与P23压力泵间沿程损失值；E_a 为流固两相模型计算水平直线段单位长度的沿程压力损失；l 为P22压力泵出口与P23压力泵间直线距离；E_b 为流固两相模型计算弯曲管道沿程压力损失值。

基于上述流固两相模型进行仿真。模拟预测与现场测试数据的沿程损失值见表4-3，误差在可接受范围内，验证了流固两相模型的有效性。

4.2.7 弯头压力损失的影响

在弯曲管道曲率半径 $r=260\mathrm{mm}$ 的条件下，本书选取不同弯转角度管道的 x 截面上总压力为研究对象，探究弯转角度对管道沿程压力损失的影响。其不同弯转角度下 x 截面总压力分布对照如图4-18所示，管道沿程损失随弯曲角度的变化如图4-19所示。

表 4-3　　沿程损失计算值与实际值

组号	沿程损失实际值/MPa	沿程损失模拟值/MPa	相对误差	组号	沿程损失实际值/MPa	沿程损失模拟值/MPa	相对误差
1	0.86	0.798	7.21%	6	0.82	0.798	2.68%
2	0.84		5.12%	7	0.80		0.25%
3	0.86		7.21%	8	0.83		3.86%
4	0.77		3.64%	9	0.81		1.48%
5	0.81		1.48%	10	0.84		5.12%

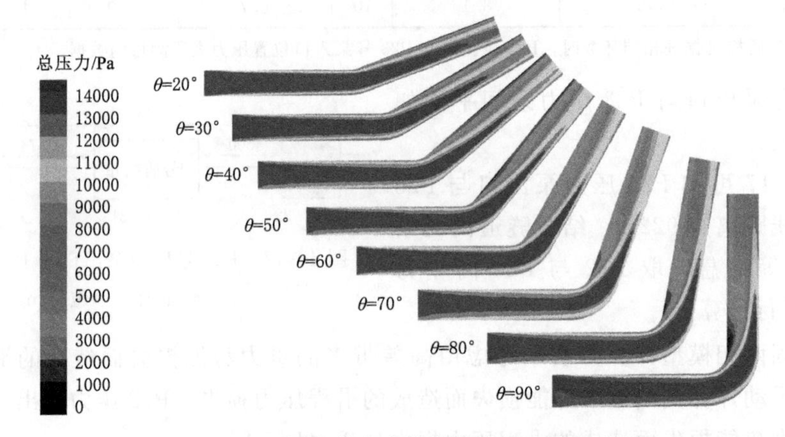

图 4-18　不同弯曲角度的管道总压力分布云图

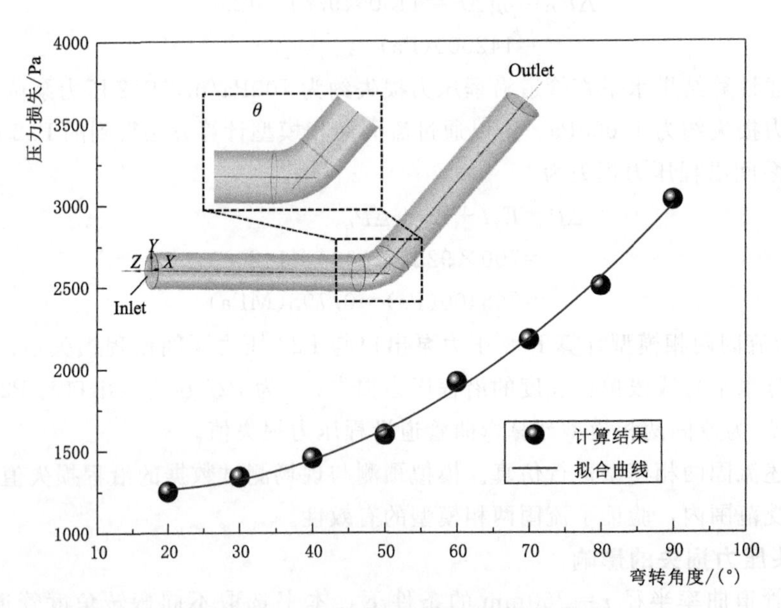

图 4-19　管道沿程损失随弯曲角度的变化

从图 4-18、图 4-19 可以看出，管道弯转角度越大，总压力下降越显著，其中当管道弯转角度为 20°～50°时，管道的沿程压力损失随弯转角度的增加而缓慢增加，弯转角度每增加10°，进口与出口之间的压力损失增加131Pa；当管道弯转角度为50°～90°时，管道的沿程压力损失随弯转角度的增加而迅速增加，弯转角度每增加10°，进口与出口之间的压力损失增加471Pa。管道沿程压力损失ΔP与弯转角度θ之间的函数关系见式(4-4)：

$$\Delta P(\theta)=0.3175\times\theta^2-10.189\times\theta+1344.78$$
$$R^2=0.997 \tag{4-4}$$

当保持管道弯转角度几何参数恒定时，不同曲率半径对管道沿程压力损失的影响见图4-20、图4-21。

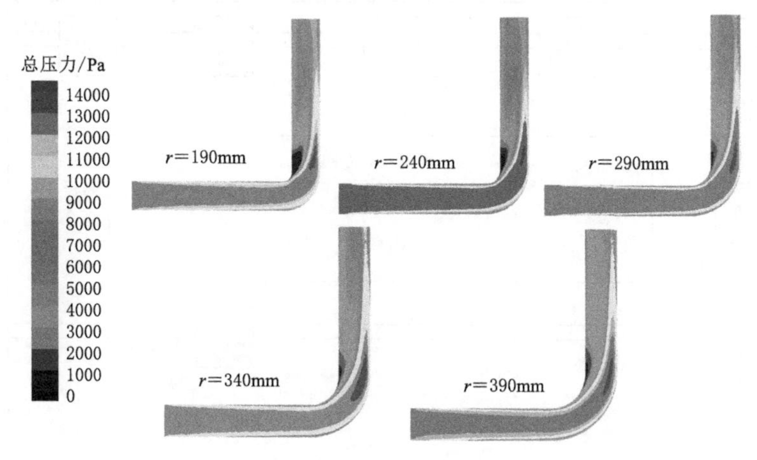

图4-20　不同曲率半径的管道总压力分布云图

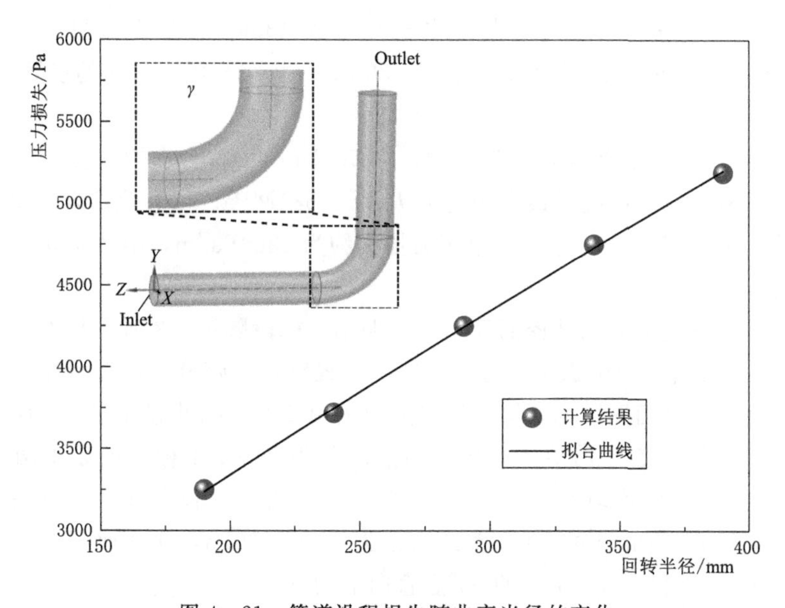

图4-21　管道沿程损失随曲率半径的变化

从图4-20、图4-21可以看出，管道曲率半径越大，总压力下降越显著。当管道曲率半径每增加50mm时，进口与出口之间的压力损失增加约499Pa，半径400mm的

90°弯头压力损失约为 5500Pa/个，管道沿程压力损失 ΔP 与弯转半径 r 之间的函数关系见式（4-5）：

$$\Delta P(r)=9.816r+1385.16$$

$$R^2=0.999 \tag{4-5}$$

4.2.8　渣浆泵最优化分布

根据地勘报告结合现场实际勘察情况，渣浆泵分布未知量如图 4-22 所示。

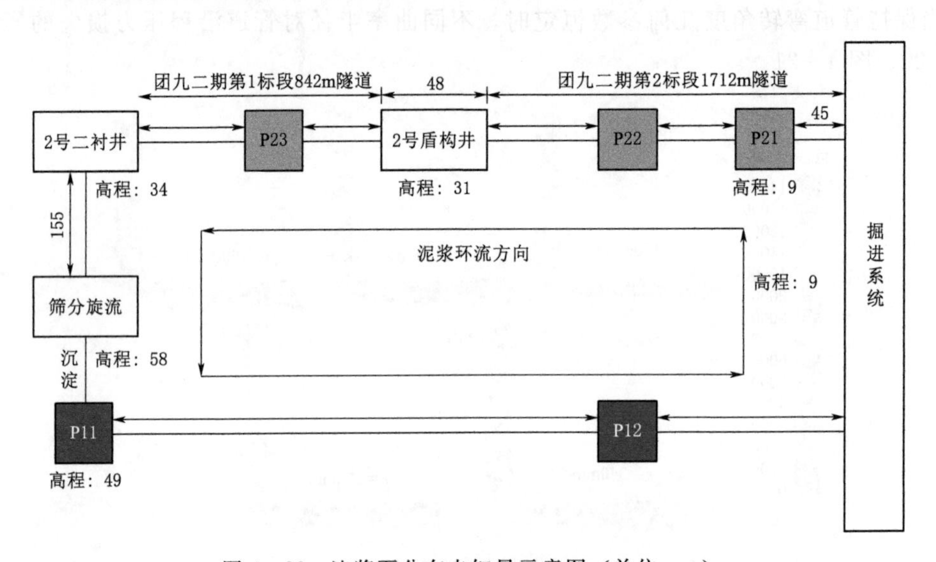

图 4-22　渣浆泵分布未知量示意图（单位：m）

团九二期第 2 标段项目所用渣浆泵电机功率为 435kW，最大流量 810m³/h，扬程（默认清水扬程）$L=69.5$m，允许通过粒径 180mm。扬程与压力之间的换算关系见公式：

$$P=\rho Lg \tag{4-6}$$

式中：P 为压力，Pa；g 为当地重力加速度，取 9.81m/s²；ρ 为水的密度，取 1000kg/m³。依据上式可知，渣浆泵所能提供最大压力值 P 为 0.681MPa。由数值仿真结果知，水平直管道压力损失约为 700Pa/m；竖直管道压力损失约为 1250Pa/m，半径 400mm 的 90°弯头压力损失约为 5500Pa/个。

渣浆由水平直管道从盾构开挖面经团九二期第 2 标段隧道、2 号盾构井、团九二期第 1 标段隧道，再由竖直管道输送出 2 号二衬竖井后最终送至筛分旋流厂（排浆系统终点）。由隧洞轴线工程地质剖面图可知，第 2 标段隧道内由 2 号盾构井起存在水平距离为 1290m 的倾斜向下隧道，其坡度为 21‰，即始末两点高差为 27m；1 标隧道始末两点高差 3m，假定隧道以 3.6‰的坡度均匀下降；2 号二衬竖井内竖直管道长 20m；由弯头压力损失计算结果可知，半径为 400mm 的 90°弯头压力损失约为 5500Pa，在此取每两个泵之间的弯头压力损失为 10 个半径为 400mm 的 90°竖直向上的弯头。

计算得应在一标隧道内距 2 号二衬竖井 656m 位置内安放排浆泵（P23）、第 2 标段隧道内距 2 号盾构井 729m 内安放排浆泵（P22）、第 2 标段隧道内距 P22 号泵 1170m 内安放排浆泵（P21）。最终确定将 P23 安放在一标隧道内距 2 号二衬竖井 542m 位置处，P22

安放在第 2 标段隧道内距 2 号盾构井 574m 处，盾构达到终点时仍满足环流系统压力损失要求，最终分布如图 4-23 所示。

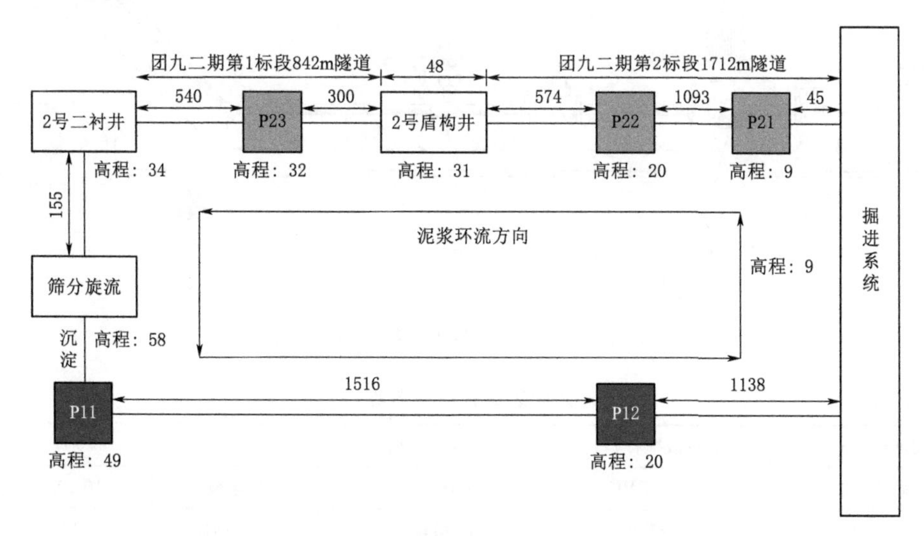

图 4-23　团九二期环流系统管路分布简图（单位：m）

4.3　泥水盾构排浆管路渣石运移试验研究

4.3.1　试验目的

目前关于环流系统的研究较少，且关于泥水盾构排浆管路中渣石运移及压力损失研究还存在着许多不足，尤其在试验方面主要突出的不足之处为：环流管道内流体基本采用清水、卵石大多采用球形规则卵石、管路较多针对水平管路。

因此，本试验针对上述不足之处进行探究，进一步掌握泥水盾构排浆管路渣石运移及压力损失规律，助力泥水盾构环流系统的发展。根据自行设计的试验装置，探究内容如下。

(1) 针对卵石在排浆管路中的运移特性，探究内容为采用具有一定密度和黏度的 CMC 盐水溶液，探究不同形状系数和等容粒径条件下，单个卵石在水平管路，不同角度的倾斜管路以及竖直管路中的起动速度；另外，针对不同形状系数及等容粒径的卵石，探究不同流速的卵石运动状态；有利于顺利排渣以及减小管路磨损，保障是施工掘进效率。

(2) 针对管路压力损失特性，探究内容为不同因素条件下，水平管路、倾斜管路以及竖直管路的压力损失规律；通过了解不同管路布置形式下的压力损失规律，有利于减少管路输送过程中的能耗，并对泥浆泵选型起着指导作用。

4.3.2　试验原理

本书自制试验装置示意图如图 4-24 所示。表 4-4 给出了图 4-24 中各部件的名称注释。试验装置现场实物图如图 4-25 所示。

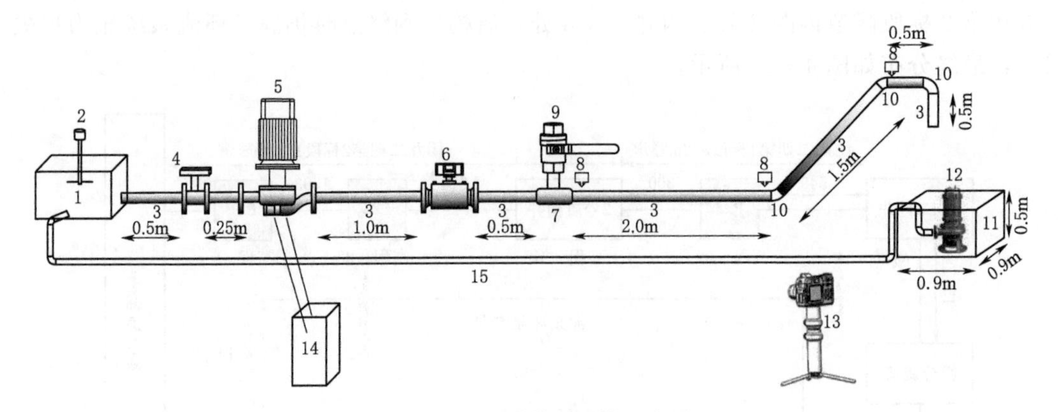

图 4-24 试验装置系统示意图

表 4-4 试验装置各部件名称

1 浆液流出箱	2 浆液搅拌器	3 亚克力管	4 蝶阀	5 动力泵
6 电磁流量计	7 三通 PVC	8 压力计	9 球阀	10 PVC 弯头
11 浆液流入箱	12 渣浆泵	13 摄像机	14 变频器	15 软管

图 4-25 试验装置现场实物图

该试验系统的设计思路为通过管路、浆液箱、渣浆泵以及软管的连接实现装置的可循环性；管路采用透明亚克力管，实现卵石以及浆液的可观测性；动力泵为整个系统提供动力，通过变频器实现管内不同流速的控制。管内的流速可以通过电磁流量计测的流量换算得到。本研究在流量稳定时才进行电磁流量计的读读数，根据式（4-7），总流的体积流量沿程不变，因此可以用测得的流量代表管中的流量。图 4-25 中蝶阀、电磁流量计、动力泵与管道之间采用法兰盘进行连接，并在连接处放置橡胶止水垫，保证试验装置的密封性。本试验通过更换购买和定制的不同角度的弯头形成不同角度的倾斜管路以及竖直管路；另外，在探究卵石在不同流速下的运动状态时，为防止管内液体喷涌而出，投料口采用两个球阀连接的形式，两个球阀之间采用亚克力管进行连接，如图 4-26 所示。管内流量满足：

$$V_1A_1=V_2A_2=Q \quad (4-7)$$

式中：A 为管路横截面面积，m^2；V 为管内液体流速，m/s；Q 为管内流量，m^3/s。

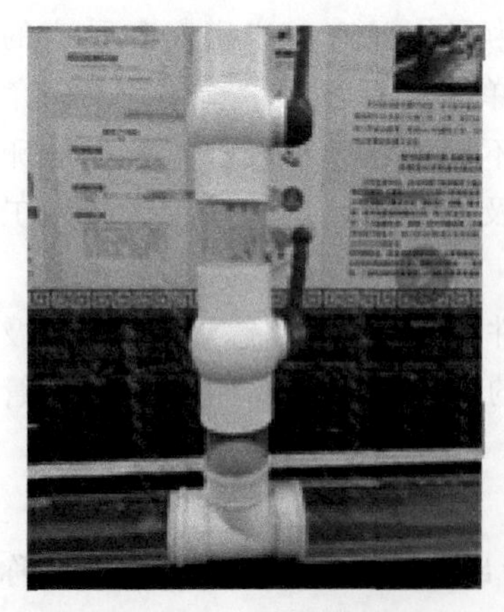

图 4-26 球阀连接图

各部件主要参数值如下所示。

（1）管径：根据试验卵石范围，确定试验管径内径 120mm，外径 130mm。

（2）投料口：投料口应保证卵石能顺利投递，以此确定球阀的内径为 110mm，两个球阀之间采用外径 110mm 的亚克力管进行连接，亚克力管的长度根据卵石情况适当调整。

（3）变频器：通过调节频率，控制管内流速，调频范围为 0～50Hz，精度为 0.01Hz。

4.3.3 试验材料

本试验的材料分为 2 个部分：卵石和浆液。

4.3.3.1 试验卵石

图 4-27 为现场分离出的卵石，从图中可以看出卵石形态各异，主要存在以下 3 种形态：扁平状、椭球体以及近球体。

卵石在排浆管路浆液中运动时，其受力主要于其本身的密度、形状以及粒径大小有关，现场卵石多为花岗岩，密度相差无几，本试验主要针对卵石的形状和粒径这两个参数探究对运动影响。

本书参考其他研究，以形状系数来表征卵石的形状特征，以等容粒径代替粒径来表征卵石的大小，卵石尺寸如图 4-28 所示。

图 4-27 现场分离出的卵石

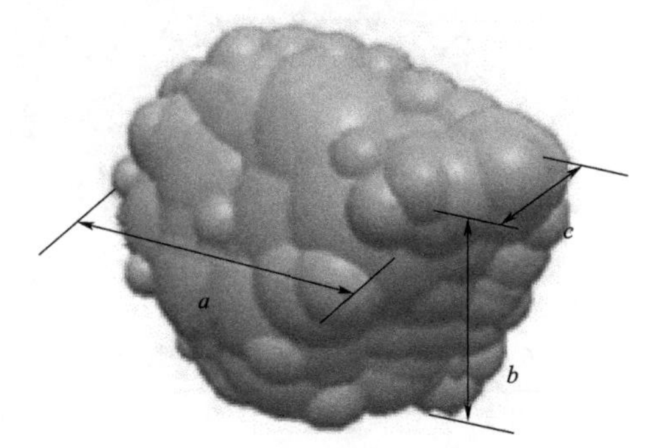

图 4-28 卵石几何尺寸

$$S_f = \frac{c}{\sqrt{ab}} \tag{4-8}$$

式中：a 为卵石最长轴长度，m；b 为卵石次长轴长度，m；c 为卵石最短轴长度，m。

$$D_v = \sqrt[3]{\frac{6V_s}{\pi}} \tag{4-9}$$

式中：D_v 为卵石的等容粒径，mm；V_s 为卵石的实际体积，mm。

在卵石运动方面，本试验主要探究形状系数以及等容粒径对卵石起动速度的影响，以及不同形状系数以及等容粒径条件下，卵石在不同流速下的运动状态。因此，通过现场筛选，分别挑选出下列卵石进行试验，如图 4-29～图 4-33 所示。卵石尺寸形状参数见表 4-5～表 4-9。

图 4-29 探究形状系数对卵石起动速度影响所用卵石

表 4 - 5　　探究形状系数对卵石起动速度影响所用卵石参数表

标号	质量 /g	体积 /mL	密度 /(g/cm³)	主长径 /mm	次长径 /mm	短轴 /mm	等容粒径 /mm	形状系数
29	60.4	25	2.416	55	40	12	36.28	0.256
33	57.4	25	2.296	67	35	17	36.28	0.351
37	49.6	25	1.984	50	36	20	36.28	0.471
7	54.5	25	2.180	46	35	22	36.28	0.548
1	52.8	25	2.112	40	35	23	36.28	0.615
4	54.6	25	2.184	47	33	25	36.28	0.635
9	55.7	25	2.228	40	37	28	36.28	0.728
6	51.0	25	2.040	45	29	29	36.28	0.808
3	51.6	25	2.064	38	33	32	36.28	0.904

图 4 - 30　探究形状系数对卵石起动速度影响所用卵石

表 4 - 6　　探究形状系数对卵石起动速度影响所用卵石参数表

标号	质量 /g	体积 /mL	密度 /(g/cm³)	主长径 /mm	次长径 /mm	短轴 /mm	形状系数	等容粒径 /mm
31	43.4	15.0	2.893	52	28	18	0.472	30.59
36	83.7	30.0	2.790	40	50	21	0.470	38.55
27	99.5	38.1	2.612	54	44	23	0.472	41.71
16	187.0	70.2	2.664	72	56	30	0.472	51.18
18	305.7	110.5	2.767	84	65	35	0.474	59.53
24	351.9	130.0	2.707	85	75	37	0.473	62.85
21	390.0	140.0	2.786	95	76	40	0.471	62.32

图 4 - 31　探究形状系数对卵石运动状态影响所用卵石

表 4-7　　探究形状系数对卵石运动状态影响所用卵石参数表

标号	主长径/mm	次长径/mm	短轴/mm	形状系数	等容粒径/mm
1	75	50	18	0.29	30.59
14	65	50	25	0.44	38.55
31	60	60	35	0.58	41.71
5	55	45	40	0.80	51.18

图 4-32　探究等容粒径对卵石运动状态影响所用卵石

图 4-33　探究同一卵石在不同流速下的运动状态所用卵石

表 4-8　　探究等容粒径对卵石运动状态影响所用卵石参数表

标号	主长径/mm	次长径/mm	短轴/mm	形状系数	等容粒径/mm
15	37	25	18	0.59	21.22
40	48	40	25	0.59	34.76
30	60	40	30	0.59	48.57
24	80	62	41	0.59	57.60

表 4-9　　探究同一卵石在不同流速下运动状态所用卵石参数表

标号	主长径/mm	次长径/mm	短轴/mm	形状系数	等容粒径/mm	速度工况/(m/s)
26	52	50	30	0.58	42.43	1.4
						1.6
						1.8
						2.0
						2.2
						2.4

4.3.3.2　试验浆液

CMC学名为羧甲基纤维素钠，在水中溶解后呈现透明的胶体状态，可以用于增加浆液的黏度，在工程中也常用于泥浆的增黏剂。在本试验中，由于需要观测卵石的运动状态，因此需要浆液具有一定的可视性。实际工程中，泥浆最基本的参数为具有一定的黏度和密度，因此，本试验采用“CMC＋工业盐＋水”的形式，配置具有一定密度和黏度的透明浆液，工业盐用以增加浆液的密度。经不断调试与配置，本试验最终确定浆液密度为 1.15g/cm³，黏度经苏氏漏斗测量为 20s，苏氏漏斗如图 4-34 所示。

CMC 溶解过程中，采用搅拌器进行高速搅拌，并每隔 2～3h 搅拌一次，使其溶解时间达到 1d，浆液搅拌器如图 4-35 所示。

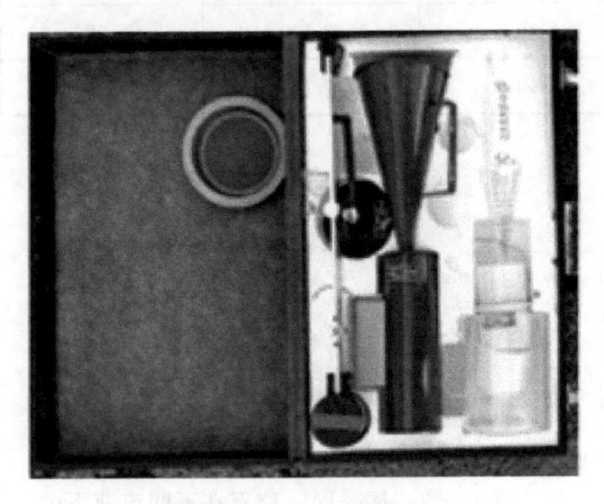

图 4-34　苏氏漏斗

图 4-35　浆液搅拌器

4.3.4　试验内容

本试验探究内容主要包括 3 块内容，分别为单个卵石起动速度测定、管路压力损失测定和卵石运动状态观测。

4.3.4.1　不同因素对单个卵石起动速度的影响规律

本部分主要分为 6 小块进行探究，分别为基于卵石形状系数不同，分别探究卵石在水平管路、倾斜管路以及竖直管路中的起动速度；基于卵石等容粒径不同，分别探究卵石在水平管路、倾斜管路以及竖直管路中的起动速度。

关于卵石在水平管路、倾斜和竖直管路中起动速度的定义如下：水平管路中卵石的起动速度为卵石由静止状态刚好变为运动状态的速度；倾斜及竖直管路中卵石的起动速度为卵石刚好爬升完整段管路长度需要的速度。

1. 单个卵石在不同管路中的起动速度-基于卵石形状系数不同

在探究形状系数对卵石起动速度的影响时，保证卵石的等容粒径相同，本试验采用图 4-29 中的卵石进行试验，卵石的等容粒径均为 36.28mm，实验结果见表 4-10，启动速度变化趋势如图 4-36 所示。

表 4-10　　不同形状系数卵石在竖直管路中的起动速度

卵石标号	形状系数	0°/(m/s)	15°/(m/s)	30°/(m/s)	45°/(m/s)	60°/(m/s)	90°/(m/s)
29	0.256	0.577	0.590	0.603	0.647	0.706	0.819
33	0.351	0.552	0.553	0.587	0.630	0.678	0.792
37	0.471	0.634	0.649	0.670	0.737	0.810	0.899
7	0.548	0.607	0.620	0.651	0.726	0.808	0.900

续表

卵石标号	形状系数	0°/(m/s)	15°/(m/s)	30°/(m/s)	45°/(m/s)	60°/(m/s)	90°/(m/s)
1	0.615	0.623	0.642	0.682	0.751	0.811	0.901
4	0.630	0.620	0.648	0.652	0.752	0.807	0.948
9	0.728	0.598	0.665	0.677	0.763	0.813	0.961
6	0.808	0.457	0.487	0.546	0.576	0.621	0.752
3	0.904	0.413	0.442	0.516	0.546	0.578	0.663

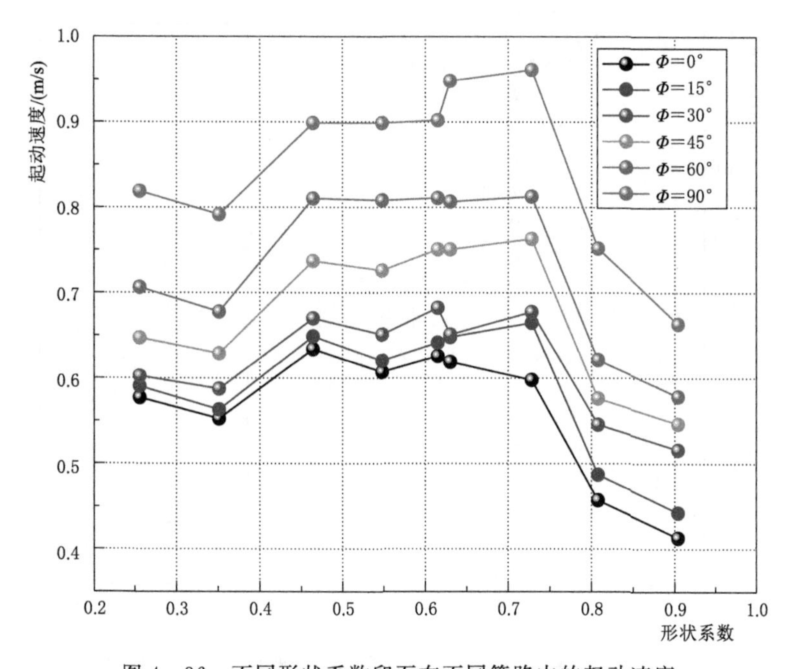

图 4-36 不同形状系数卵石在不同管路中的起动速度

通过观察图 4-36 可以得到：①在卵石等容粒径相等的情况下，不同形状系数卵石的起动速度大小顺序为：椭球体>扁平状>近球体。②对于同一等形状系数的卵石，随着管路倾斜角度的增大，起动速度大幅度增加。

2. 单个卵石在不同管路中的起动速度-基于卵石等容粒径不同

在探究等容粒径对卵石起动速度的影响时，保证卵石的形状系数相同，本试验采用图 4-32 中的卵石进行试验，卵石的形状系数均保持在 0.472 附近，实验结果见表 4-11，启动速度变化趋势如图 4-37 所示。

表 4-11　　不同等容粒径卵石在不同管路中的起动速度

卵石标号	等容粒径/mm	0°/(m/s)	15°/(m/s)	30°/(m/s)	45°/(m/s)	60°/(m/s)	90°/(m/s)
31	30.59	0.594	0.613	0.633	0.713	0.816	0.886
36	38.55	0.617	0.627	0.640	0.749	0.834	0.903

续表

卵石标号	等容粒径/mm	0°/(m/s)	15°/(m/s)	30°/(m/s)	45°/(m/s)	60°/(m/s)	90°/(m/s)
27	41.71	0.619	0.630	0.645	0.752	0.863	0.952
16	51.18	0.656	0.652	0.678	0.772	0.892	0.993
18	59.23	0.589	0.599	0.713	0.781	0.960	1.232
24	62.85	0.577	0.582	0.648	0.769	0.890	0.990
21	62.32	0.561	0.569	0.580	0.753	0.866	0.985

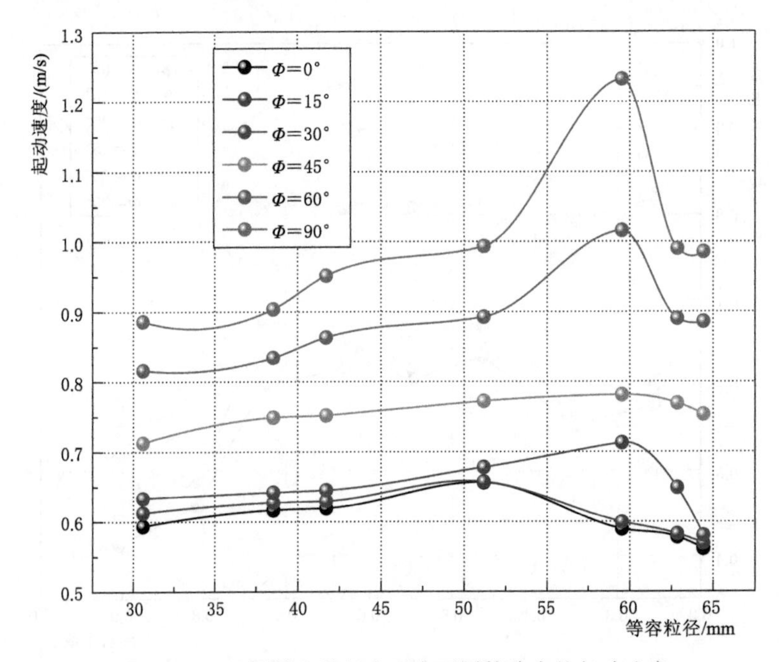

图 4－37　不同等容粒径卵石在不同管路中的起动速度

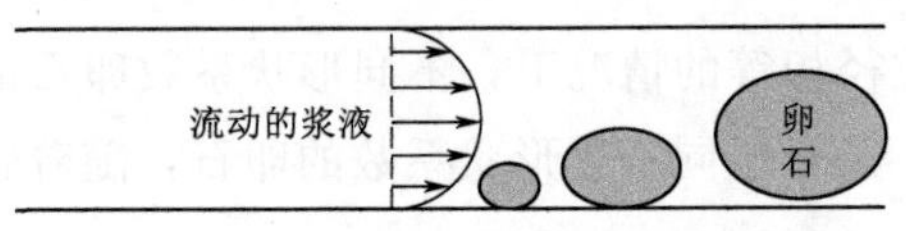

图 4－38　流动浆液横截面速度分布

由图 4－37 可知：①随着等容粒径的增大，起动速度呈现先增大后减小。②对于同一等容粒径卵石，随着角度的增大，起动速度增大。

分析原因认为，本试验采用 CMC＋盐水配置的溶液，在流体横截面呈现如图 4－38 所示的速度分布状态；越靠近横截面中心，速度越快；粒径大的在中心位置的接触面积大，平均动量就大，因此较容易起动。

4.3.4.2　不同因素对管路压力的影响规律

本试验模块，主要测定内容分别为不同级配卵石下，压力损失与浆液流速的关系；混合级配下，不同卵石体积分数下，压力损失与浆液流速的关系；混合级配下，不同浆液流速下，压力损失与卵石体积分数的关系；混合级配下，不同浆液流速下，压力损失与管路倾角的关系；混合级配下，不同管路倾角下；压力损失与浆液流速的关系。

1. 试验卵石概况

本试验模块需要一定体积的卵石，因此要求卵石具有一定的数量，且应包含小粒径、中等粒径以及大粒径卵石，从现场挑选若干数量的不同粒径的卵石，且不同工况下所需的卵石情况如下。本试验试验步骤与 4.3.4.1 中的类似，不同之处为此处有一定数量的卵石，并通过调节变频器，调节不同的流速。提前将压力传感器与 24V 开关电源进行连接，并安装于管路上。压力传感器如图 4-39 所示，实验卵石如图 4-40～图 4-42 所示，卵石级配曲线如图 4-43 所示。

图 4-39　压力传感器

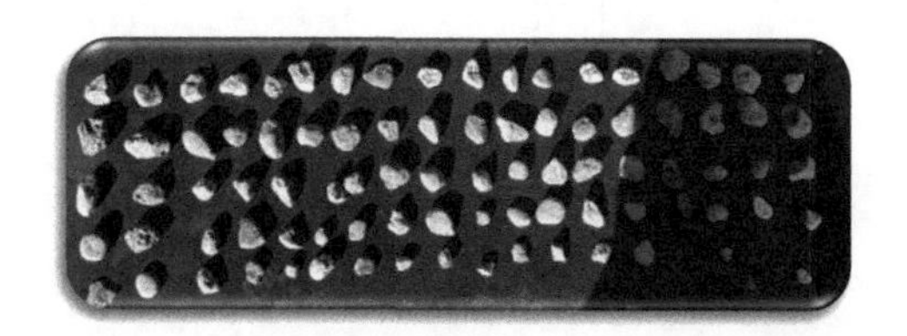

图 4-40　部分小粒径卵石（0～25mm）

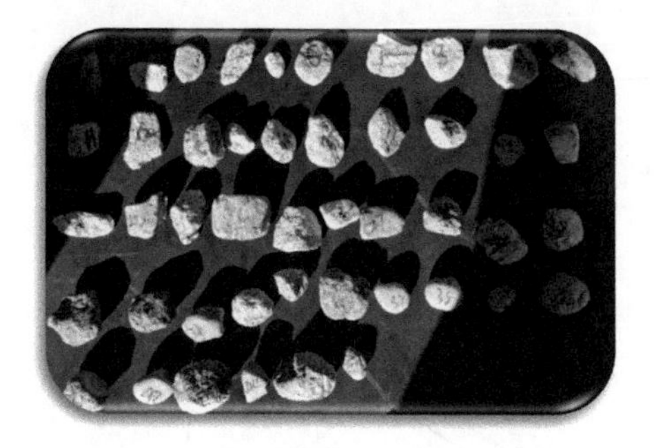

图 4-41　部分中等粒径卵石（25～50mm）

图 4-42　部分大粒径卵石（D>50mm，D 为卵石最长轴长度）

2. 不同级配卵石下，压力损失与浆液流速的关系

本试验部分，试验对象针对水平管路，卵石的体积分数为 0.10，实验结果见表 4-12，压力损失变化趋势如图 4-44 所示。

表 4-12　不同级配卵石、浆液流速下压力损失值

浆液流速/(m/s)	压力损失/(Pa/m)			
	小粒径级配	中等粒径级配	大粒径级配	混合粒径级配
0.5	32.1	32.0	31.8	32.1
1.0	129.2	152.3	169.6	139.8
1.5	163.1	196.2	213.7	182.1
2.0	207.2	249.1	267.4	227.3
2.5	273.3	316.5	336.4	297.0
3.0	360.1	413.2	435.3	385.5

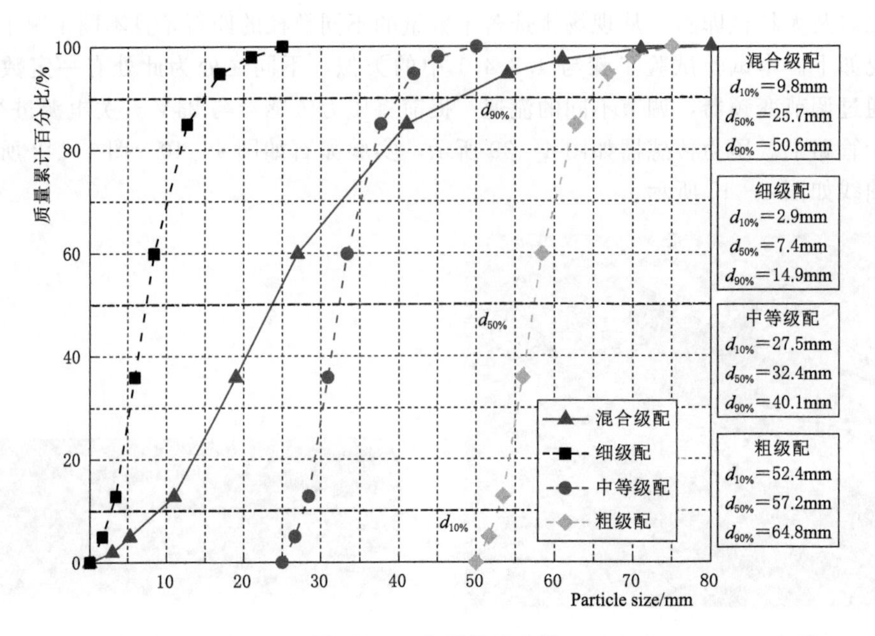

图 4－43　卵石级配曲线

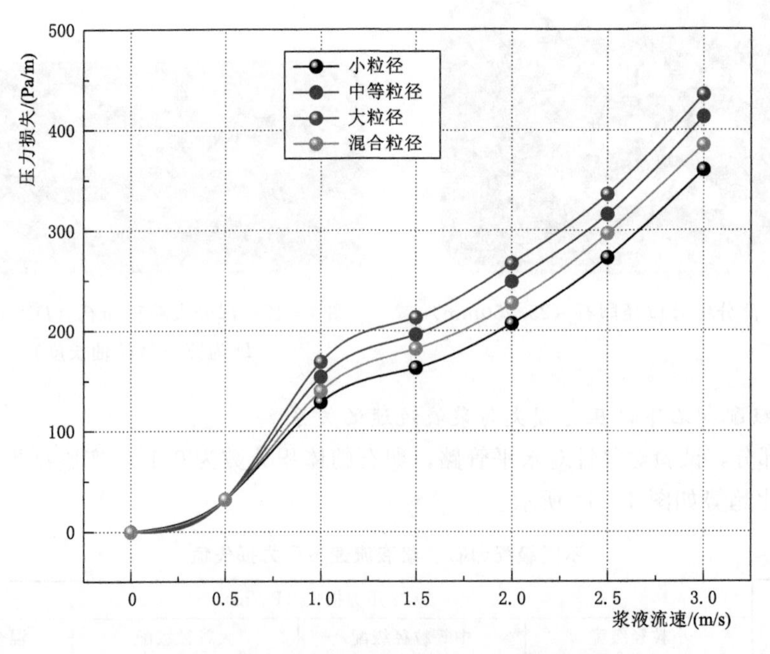

图 4－44　不同卵石级配下压力损失与浆液流速的关系

通过观察图 4－44 可以知道：①对于任意级配卵石，管路压力随着浆液流速的增加而增加。②同一流速下，造成管路压力损失大小级配顺序为：大粒径＞中等粒径＞混合粒径＞小粒径。③当浆液流速超过 0.5m/s 时，压力损失骤增，这是由于浆液流速超过了卵石的起动速度，浆液的流动由纯流体流动变为两相流。

3. 混合级配、不同卵石体积分数下压力损失与浆液流速的关系

试验对象针对水平管路，实验结果见表 4－13，压力损失变化趋势如图 4－45 所示。

表 4－13　　不同卵石体积分数、不同浆液流速下压力损失值

浆液流速/(m/s)	Cv=0.05 压力损失/(Pa/m)	Cv=0.10 压力损失/(Pa/m)	Cv=0.15 压力损失/(Pa/m)	Cv=0.20 压力损失/(Pa/m)
0.5	31.8	32.0	32.1	32.3
1.0	120.1	140.1	165.6	197.0
1.5	159.3	182.2	207.4	237.2
2.0	205.2	227.3	253.1	310.7
2.5	272.4	297.5	322.3	395.1
3.0	345.2	385.1	425.2	510.2

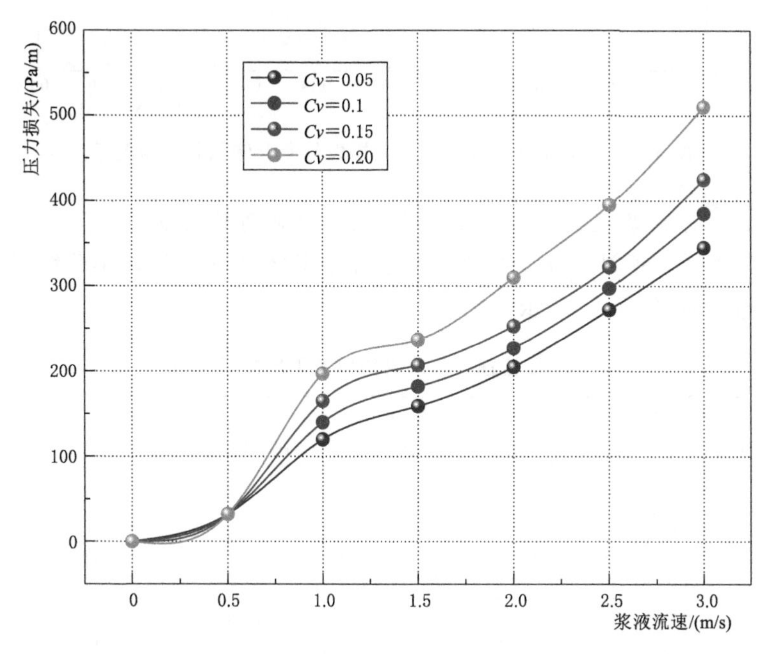

图 4－45　不同卵石体积分数下压力损失与浆液流速的关系

通过图 4－45 可以知道：①同一卵石体积分数下，随着浆液流速的增加，管路压力损失逐渐增大。②随着卵石体积分数的增大，浆液流速对压力损失的影响越来越大。

4. 混合级配、不同浆液流速下压力损失与卵石体积分数的关系

试验对象为水平管路。根据表 4－13，可以得到图 4－46 所示的不同浆液流速下压力损失与卵石体积分数关系图。

通过图 4－46 可以得到：①同一流速下，随着卵石体积分数的增大，管路压力损失逐渐增大。②随着浆液流速的增大，卵石体积分数对压力损失的影响越来越大。浆液流速为 0.5m/s 时，管路压力损失基本保持一致，是因为浆液流速未达到卵石的起动速度，管内为纯流体流动。

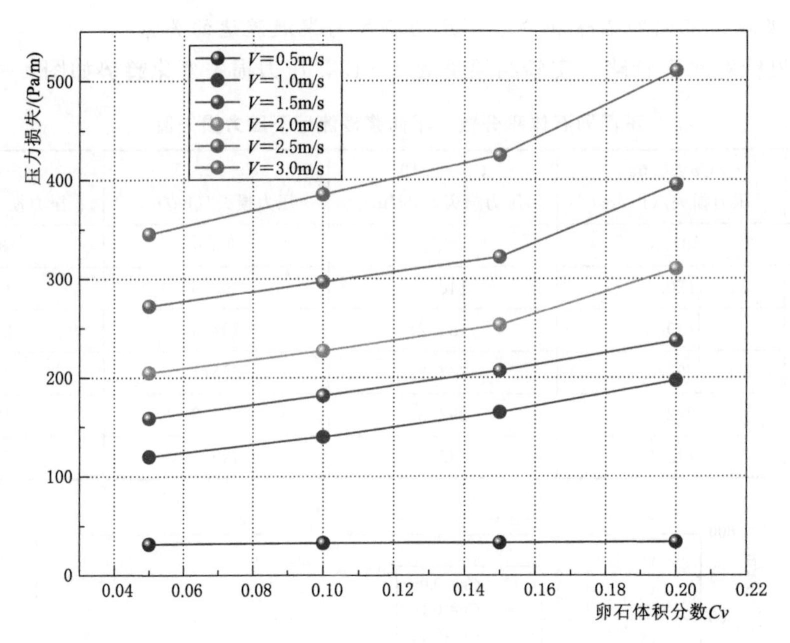

图 4-46　不同浆液流速下压力损失与卵石体积分数的关系

5. 混合级配、不同浆液流速下，压力损失与管路倾角的关系

试验对象为水平、倾斜以及竖直管路，卵石体积分数为 0.10，实验结果见表 4-14，压力损失变化趋势如图 4-47 所示。

表 4-14　不同浆液流速、不同管路倾角下压力损失值

管路倾角/(°)	V=1.5m/s 压力损失/(Pa/m)	V=2.0m/s 压力损失/(Pa/m)	V=2.5m/s 压力损失/(Pa/m)	V=3.0m/s 压力损失/(Pa/m)
0	182.1	227.5	297.5	385.7
15	192.6	238.0	320.1	410.8
30	213.2	263.1	327.2	420.2
45	225.3	273.4	340.1	440.4
60	228.4	288.2	370.3	485.3
90	455.3	569.1	690.1	850.3

从图 4-47 可以得到：①同一卵石体积分数下，压力损失随着浆液流速的增大而增大。②当管路倾角小于 60°时，管路的压力损失随着倾角缓慢增加，当管路倾角大于 60°时，压力损失随着倾角增加骤增。

6. 混合级配、不同管路倾角下，压力损失与浆液流速的关系

试验对象为水平、倾斜以及竖直管路，卵石体积分数为 0.10。根据表 4-14，可以得到如图 4-48 所示的不同管路倾角下，压力损失与浆液流速关系图。

通过图 4-48 可以得到：同一管路倾角下，压力损失随着浆液流速的增加而增加。随着管路倾斜角的增加，浆液流速对压力损失的影响越来越大。

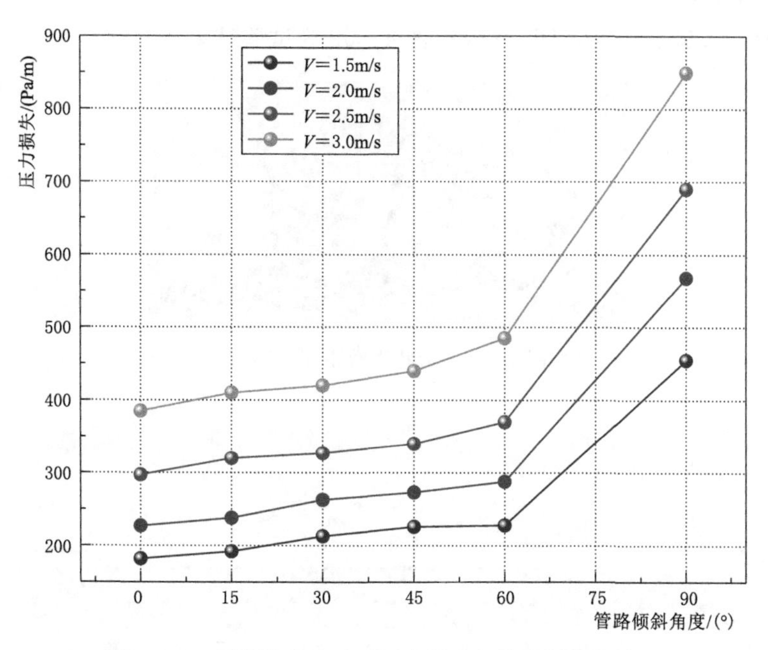

图 4-47 不同浆液流速下压力损失与管路倾角的关系

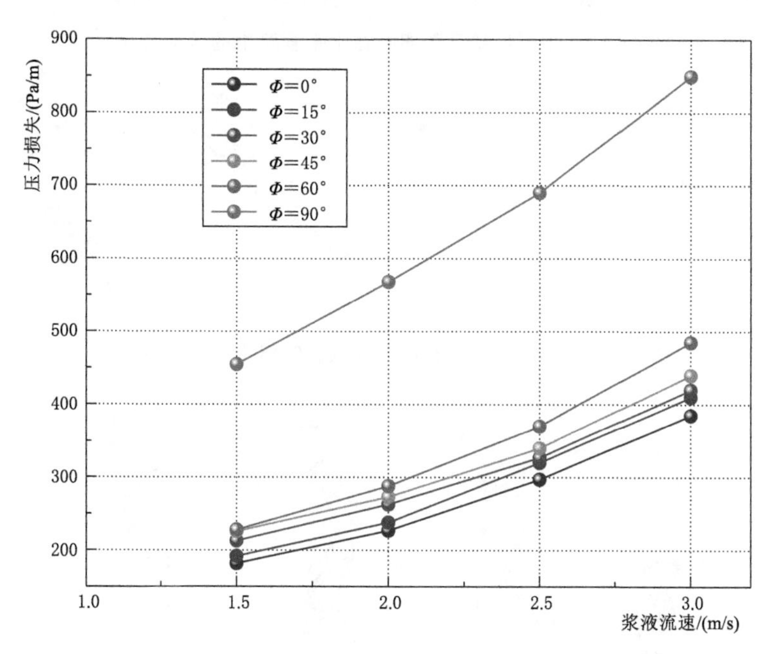

图 4-48 不同管路倾角下压力损失与浆液流速关系图

4.3.4.3 不同因素对卵石运动状态的影响规律

本试验模块主要探究内容分别为不同形状系数卵石在管路中的运动状态观测，不同等容粒径卵石在管路中的运动状态观测，同一卵石在不同流速下的运动状态。

1. 不同形状系数卵石在管路中的运动状态观测

本部分采用浆液流速为 1.4m/s。如图 4-49 所示，图片从左到右卵石形状系数依次为 0.29，0.44、0.58、0.80，图 4-50～图 4-52 为试验结果。

图 4-49　形状系数不同的卵石

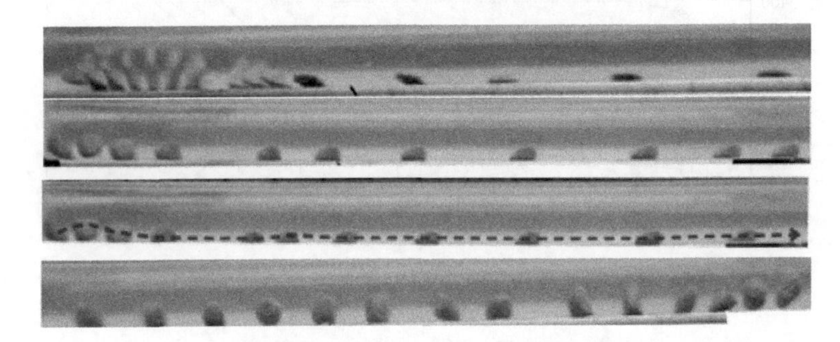

图 4-50　不同形状系数卵石在水平管路中的运动变化

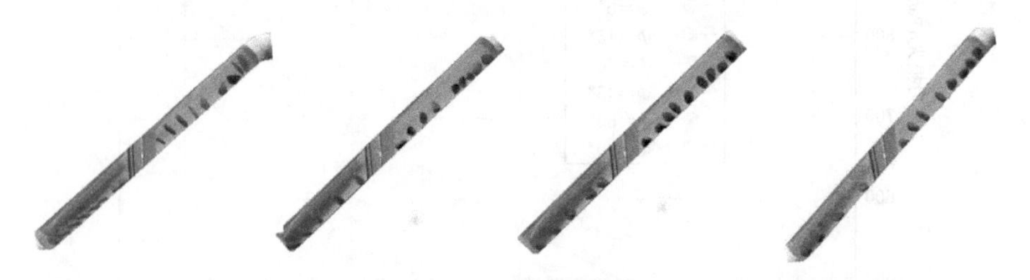

图 4-51　不同形状系数卵石在倾斜管路中的运动变化

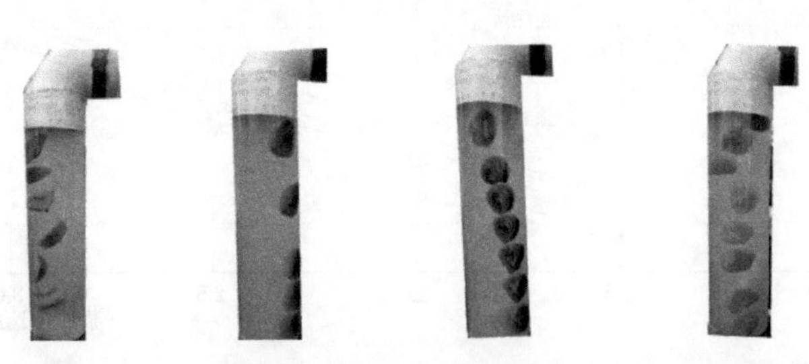

图 4-52　不同形状系数卵石在竖直管路中的运动变化

通过图 4-50～图 4-52 可以得到：同一流速下，不同形状系数卵石在不同管路的运动形态不同。①对于扁平状及椭球状卵石，在水平管路中的典型运动形态为滑动；对于近球体来说，在水平管路中的典型运移形态为滚动。②在倾斜管路中的典型运动形态均为滚动，在竖直管路中典型运移形态均为旋转翻滚。

2. 不同等容粒径卵石在管路中的运动状态观测

本部分采用浆液流速为 1.4m/s。试验卵石如图 4 - 53 所示，图片从左到右卵石等容粒径依次为 21.22mm，34.76mm、48.57mm、57.60mm，实验结果如图 4 - 54～图 4 - 56 所示。

图 4 - 53　不同等容粒径卵石

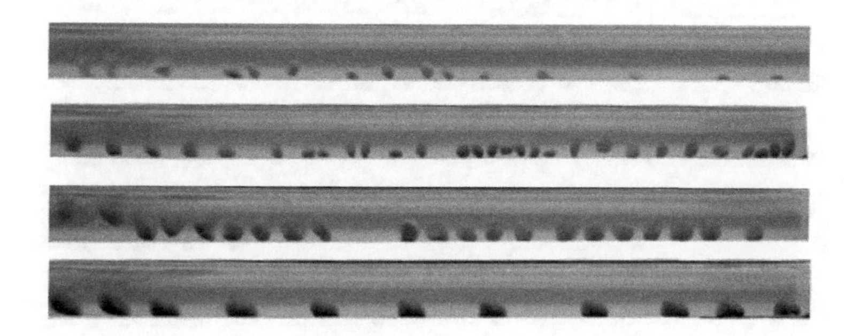

图 4 - 54　不同等容粒径卵石在水平管路中的运动变化

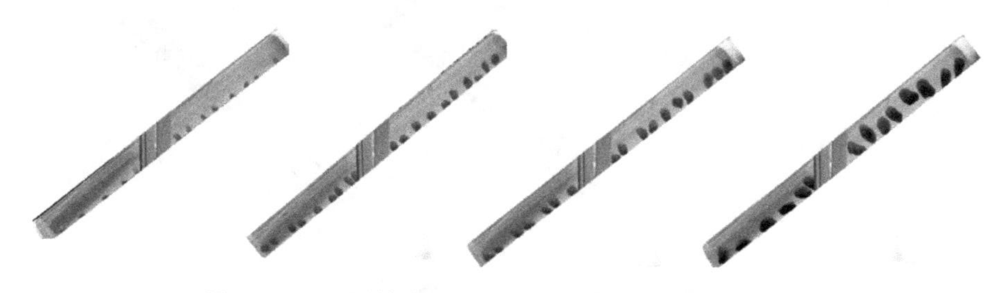

图 4 - 55　不同等容粒径卵石在倾斜管路中的运动变化

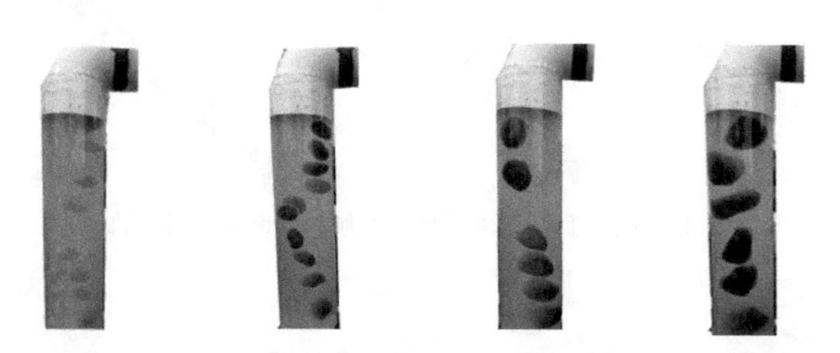

图 4 - 56　不同等容粒径卵石在竖直管路中的运动变化

通过图 4 - 54～图 4 - 56 可以得到：同一流速下，不同等容粒径卵石在不同管路的运动形态不同。在水平管路中，粒径较小时，典型运动形态为滑动和滚动；随着颗粒的增大，典型运动形态变为滚动，当粒径增大到一定值后，典型运动形态变为滑动。在倾斜管

图 4-57　26 号卵石

路中的典型运动形态均为滚动，在竖直管路中典型运移形态均为旋转翻滚。

3. 同一卵石在不同流速下的运动状态观测

本部分试验采用浆液流速分别为 1.4m/s、1.6m/s、1.8m/s、2.0m/s、2.2m/s 和 2.4m/s。试验卵石的形状系数为 0.58，等容粒径为 42.43mm，实验卵石如图 4-57 所示，实验结果如图 4-58～图 4-60 所示。

图 4-58　不同流速下 26 号卵石在水平管路中的运动轨迹

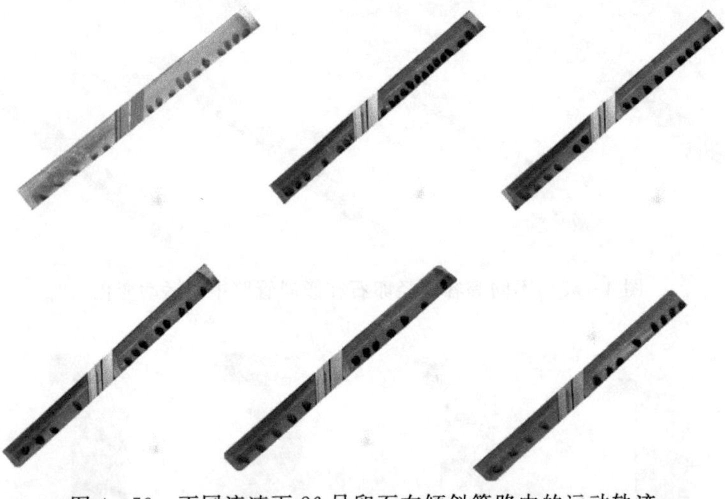
图 4-59　不同流速下 26 号卵石在倾斜管路中的运动轨迹

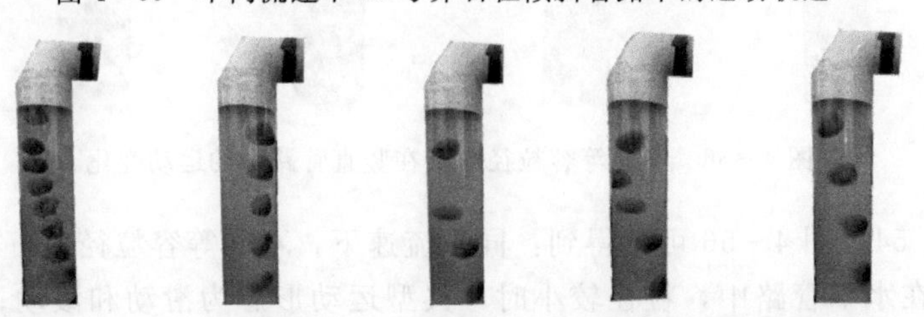
图 4-60　不同流速下 26 号卵石在竖直管路中的运动轨迹

通过图 4-58～图 4-60 可以得到：①随着流速的增加，卵石在水平管路中的典型运移形态逐渐由滑动变为滚动。②在倾斜管路中的典型运动形态均为滚动，在竖直管路中典型运移形态均为旋转翻滚。

4.4 管路磨损规律及分级控制策略

在本工程中，循环管路所运输的物料为刚破碎的卵石、岩渣等，具有粒径大、石英含量高和尖角多的特点。石块的粒度越大，其动能越大，冲击管壁时所造成的磨损越严重，高石英含量使得石块表面的强度很高，加之石块外形尖角较多，对管壁造成的磨损也更加严重，直管和弯头管路典型磨损情况如图 4-61、图 4-62 所示。

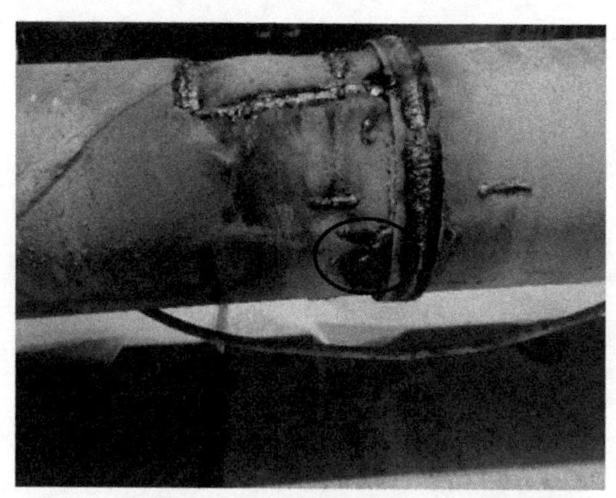

(a) 直管下测漏点

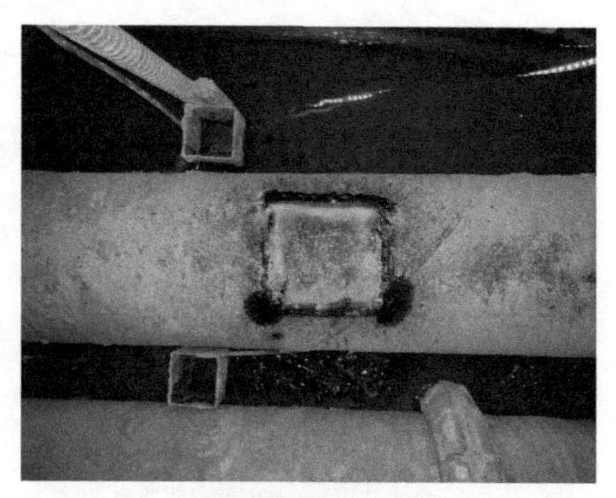

(b) 直管漏点上侧切槽

(c) 直管内壁磨损情况

(d) 直管局部磨穿

图 4-61 排浆管路直管段典型磨损情况

4.4.1 磨损实测数据分析

4.4.1.1 从砂卵石地层到断层破碎带

自始发到掘进至 1000 环过程中不同位置管路磨损趋势如图 4-63 所示。

由图 4-63 可知，在 0～1000 环推进过程中，90°弯头磨损最为严重，两测点磨损量均在 80mm 左右，60°倾斜铺设管路次之，总磨损量为 40mm，小半径曲线段管路总磨损量为 27mm，直线段磨损量最小，约为 12mm。同时可以发现，在 705 环前，各测点磨损速率相对较小，90°弯头磨损速率约为 3.33mm/100m，60°倾斜铺设管路磨损率约为 1.78mm/

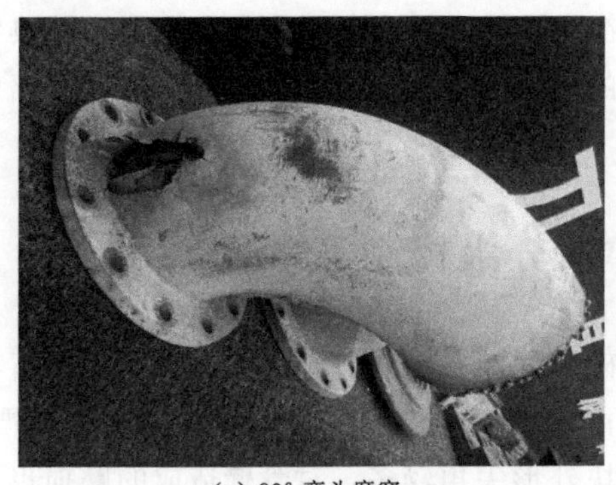

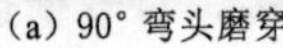

(a) 90° 弯头磨穿

(b) 45° 弯头磨穿

图 4 - 62　弯管局部磨穿

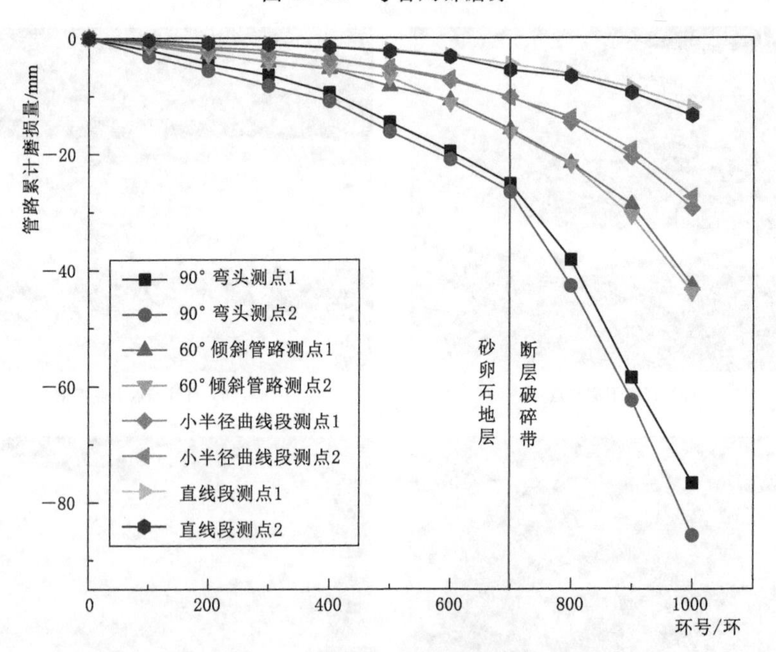

图 4 - 63　排浆管路典型位置磨损变化趋势

100m，小半径曲线段管路磨损率约为 0.83mm/100m，直线段管路磨损率为 0.59mm/100m，705 环后，地层由砂卵石地层变为断层破碎带地层，各测点磨损速率变大 1～2 倍。

取泥水处理厂 512 环和 998 环渣石筛分情况进行对比分析，如图 4 - 64 所示。

分析原因认为，在砂卵石地层中，岩渣较为圆滑，尖角较少，在断层破碎带地层，破碎的岩渣尖角更为锋利，因此对管路造成的磨损更加严重。

4.4.1.2　从断层破碎带到全断面硬岩

通过对泥水处理厂筛分的渣石进行分析发现，在断层破碎带地层中，筛分后的渣石中大粒径颗粒占比较多，自 1150 环往后，进入全断面硬岩地层，破碎渣石中大粒径颗粒含量显著降低，取 1094 环和 1200 环渣石筛分情况进行对比，如图 4 - 65 所示。

为分析粒径大小变化对管路磨损速率的影响，取 1089～1254 环 1～9 号截面底部测点磨损数据进行对比，测点布置如图 4 - 66 所示，磨损实测如图 4 - 67 所示。

(a) 512环(砂卵石地层)

(b) 998环(断层破碎带前期)

图 4-64　不同地层渣石尖锐度对比

(a) 1094环(断层破碎带后期)

(b) 1200环(全断面硬岩)

图 4-65　1094 环与 1200 环石英含量对比

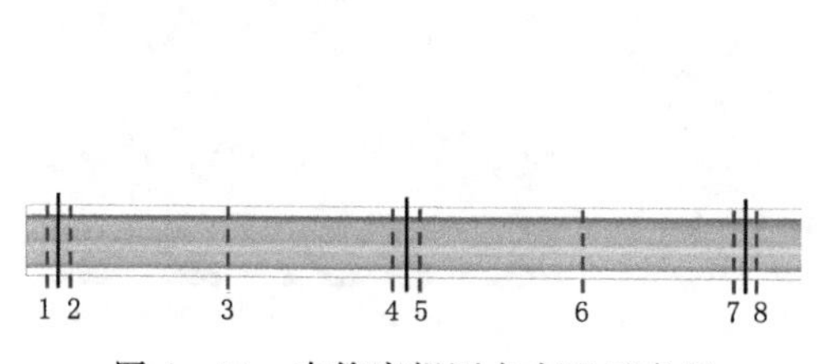

图 4-66　直管磨损测点布置示意图

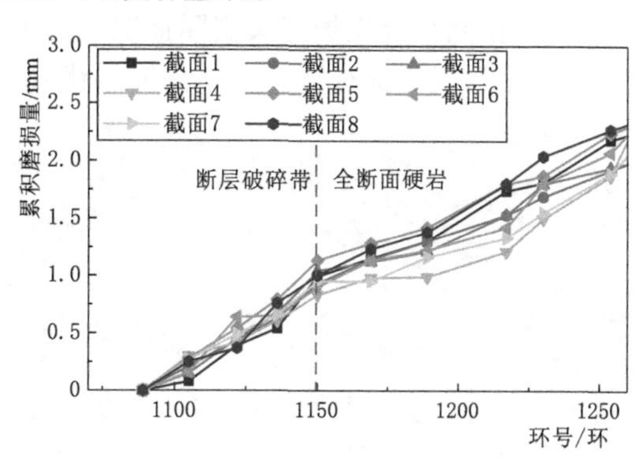

图 4-67　不同石英含量地层管路磨损速率

由图 4-67 可知，1150 环之前为断层破碎带地层，大粒径岩渣占比较多，直管底部磨损率约为 1.28mm/100m，1150 环之后，进入全断面硬岩地层，大粒径岩渣占比降低，磨损速率显著减小，直管底部磨损率下降到约 0.83mm/100m，可见破碎岩渣的粒径对管路磨损影响较大。

4.4.1.3　管路接头对磨损速率的影响

如图 4-68 所示，管路之间采用抱箍连接，为探究抱箍接头的存在对管路磨损速率的影响，可分别取抱箍接头两侧位置和管路中间位置管路底部进行磨损监测，分析接头对管路磨损的影响。在此取 1089～1379 环全断面硬岩地层掘进过程中 1～8 号测点底部磨损数据进行对比，如图 4-69 所示。

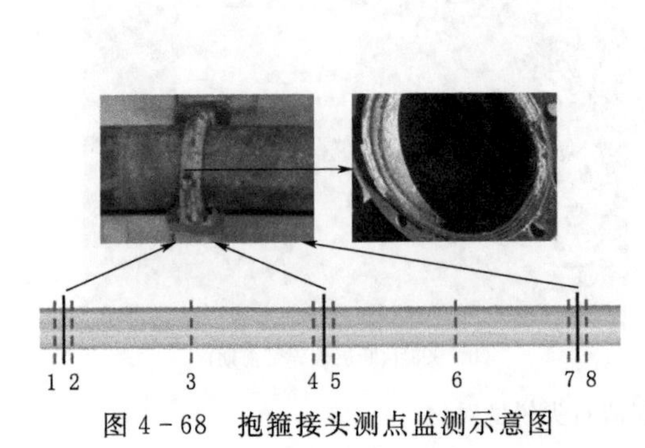

图4-68　抱箍接头测点监测示意图

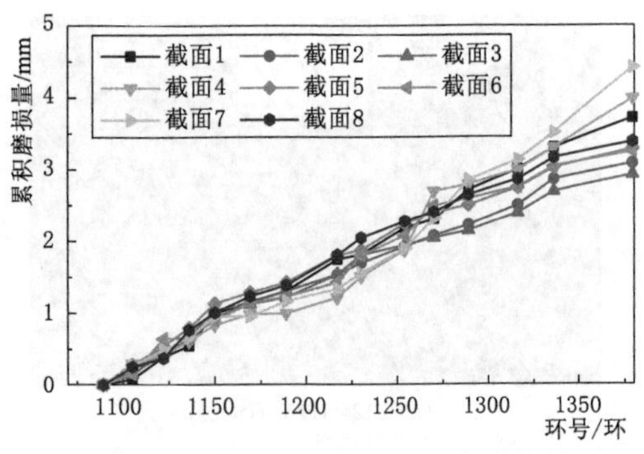

图4-69　接头附近管路累计磨损量

由图4-69可知，截面1、截面4和截面7下部测点的累积磨量均高于其他测点，尤其是截面7处底部测点、磨损率约为1.29mm/100m，而截面3和截面6底部测点磨损率约为0.86mm/100m，可见接头的存在可使磨损率增大约1.5倍。分析原因认为，由于抱箍接头处存在对接缝凹槽，导致沿管路底部滑移的渣石流过接缝凹槽位置时与凹槽撞击，产生一定的角速度，随后渣石以一定角速度撞击在抱箍接头另一侧管壁，该位置磨损速率加快。

4.4.2　环流系统管路铺设优化

通过对现场管路铺设进行调研，发现弯头管路主要用于满足五种形式的管路转向作用，即水平-向上转弯、水平-向下转弯、水平-水平方向转弯、竖直向下-水平方向转弯、竖直向上-水平方向转弯，现场5种类型的转弯弯头如图4-70所示（箭头方向为渣石运移方向），在此结合现场弯头实际情况，选取两种典型弯头，对不同转弯半径、转弯角度工况下管路磨损情况进行分析，探究最优管路形式。

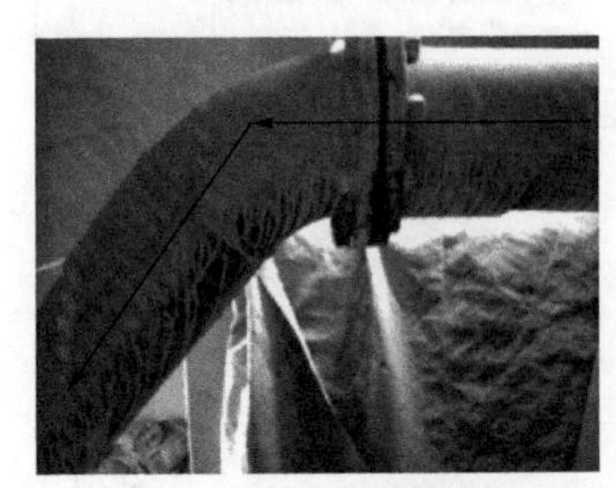

（a）水平-向下转弯弯头

（b）水平-向上转弯弯头

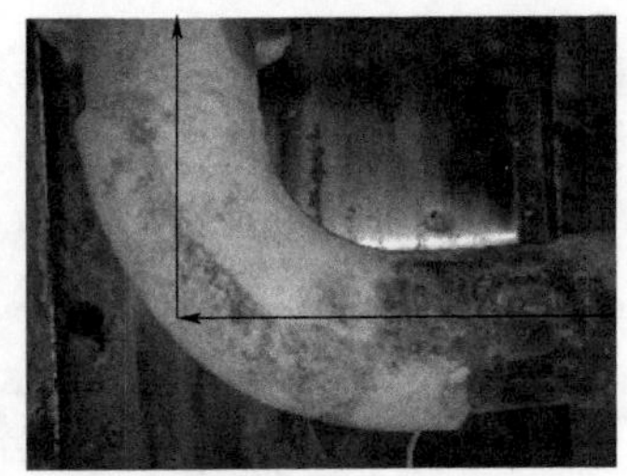

（c）水平-水平方向弯头

（d）竖直向下-水平转弯弯头

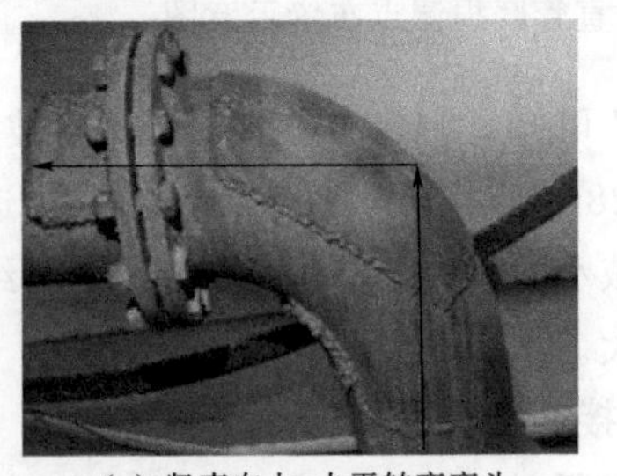

（e）竖直向上-水平转弯弯头

图4-70　现场典型转向弯头

4.4.2.1　计算原理

离散相模型（DPM）与zhang冲蚀模型结合后可用于精确分析由于颗粒直接与管壁

冲击造成的冲蚀磨损，具有可靠性高、能清晰反应颗粒运移轨迹的优点。考虑到管路铺设优化研究中颗粒与壁面直接冲击的情况较多，在此选用该模型进行计算。取泥浆流速为3.5m/s、黏度为0.9Pa·$s^{0.7}$、比重为1150kg/m^3、渣石质量流量为15.6kg/s，颗粒级配为0～150mm的现场筛分级配。为分析不同转弯半径对管路磨损的影响，取转弯角度β=90°，对比分析两种典型转弯形式下弯头磨损情况。不同转弯半径下管路磨损取β=90°，计算半径$R=D$、$R=2D$、$R=3D$、$R=4D$。

4.4.2.2 水平-向下转弯弯头管路磨损

1. 不同转弯半径

后处理中分别输出$R=D$、$R=2D$、$R=3D$、$R=4D$工况下不同粒径岩渣运移轨迹和磨损云图，如图4-71～图4-74所示。

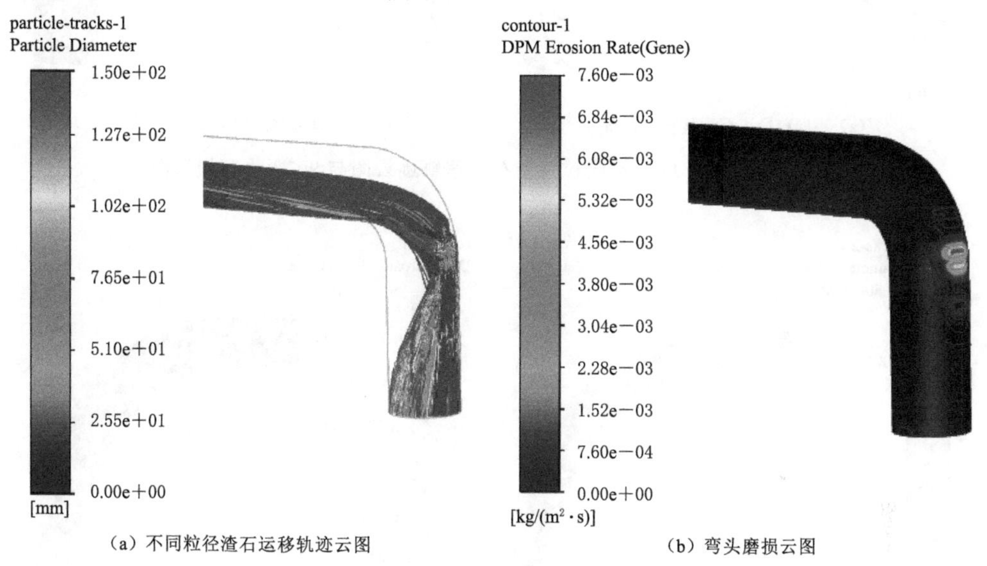

(a) 不同粒径渣石运移轨迹云图　　(b) 弯头磨损云图

图4-71　$R=D$时不同粒径渣石运移轨迹云图与90°弯头磨损云图

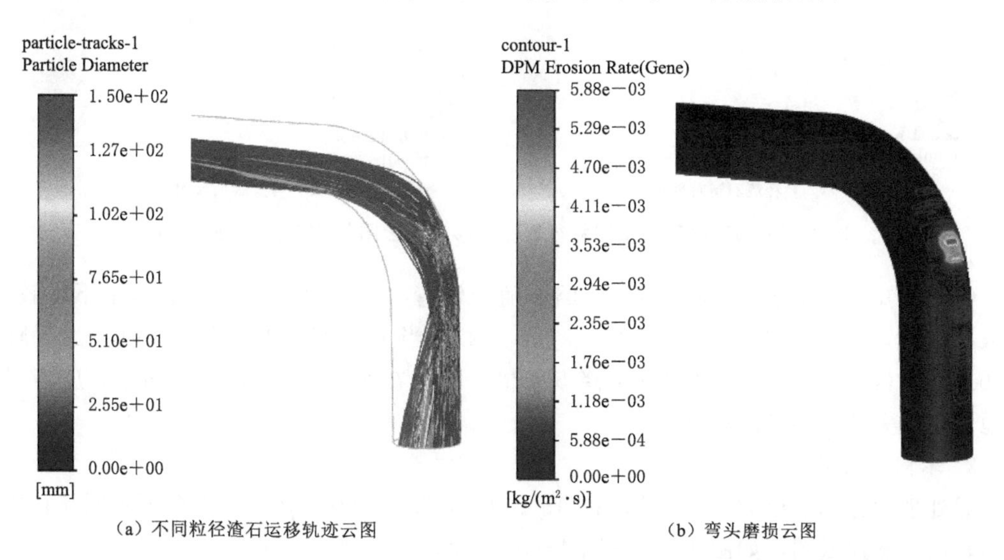

(a) 不同粒径渣石运移轨迹云图　　(b) 弯头磨损云图

图4-72　$R=2D$时不同粒径渣石运移轨迹云图与90°弯头磨损云图

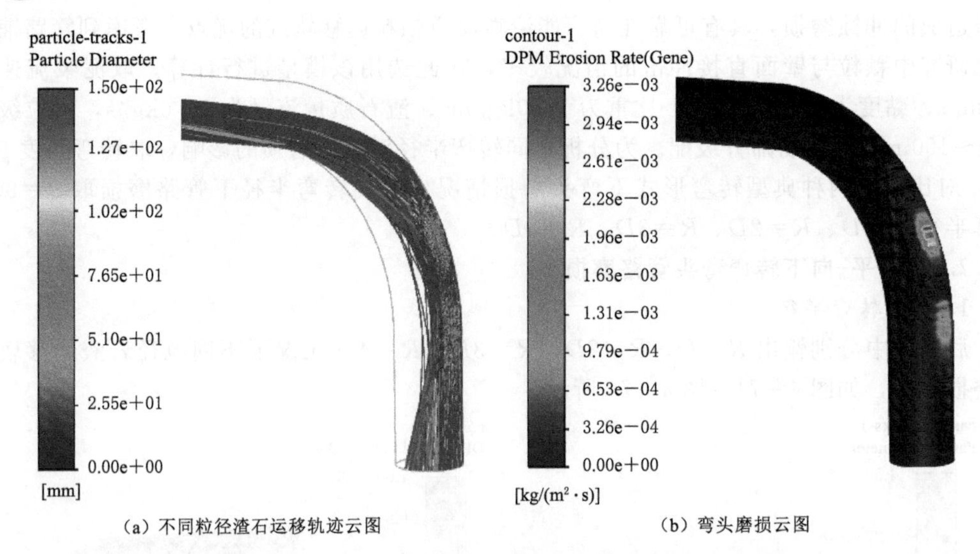

（a）不同粒径渣石运移轨迹云图　　（b）弯头磨损云图

图4-73　$R=3D$ 时不同粒径渣石运移轨迹云图与90°弯头磨损云图

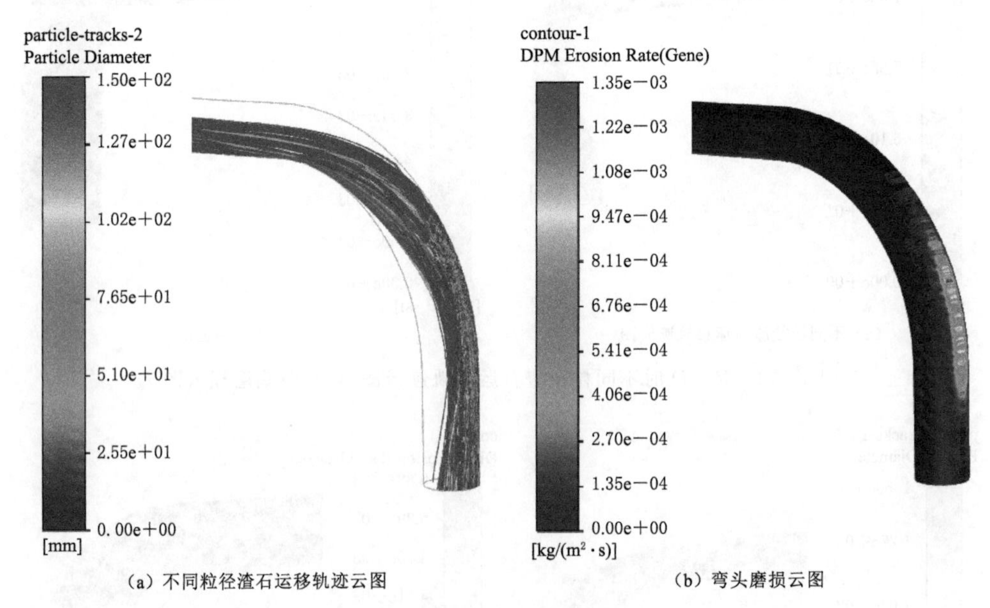

（a）不同粒径渣石运移轨迹云图　　（b）弯头磨损云图

图4-74　$R=4D$ 时不同粒径渣石运移轨迹云图与90°弯头磨损云图

综上可知，对于水平-向下转弯管路，随着转弯半径的增加，最大磨损率下降较大，当 $R=D$ 时，最大磨损率为0.0076kg/(m^2·s)，当 $R=4D$ 时，最大磨损率为下降为0.0014kg/（m^2·s)，最大磨损率下降5.4倍，可见在水平-向下转弯管路中，应当尽可能地使用较大转弯半径的管路。

2. 不同转弯角度

后处理中分别输出 $R=2D$ 时，$\beta=15°$、$\beta=30°$、$\beta=60°$、$\beta=90°$工况下不同粒径岩渣运移轨迹和磨损云图，如图4-75～图4-78所示。

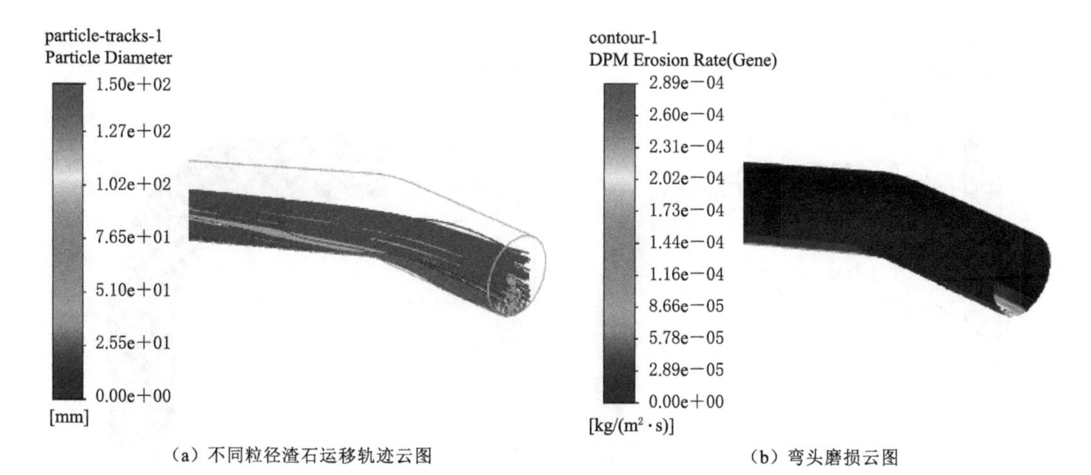

（a）不同粒径渣石运移轨迹云图　　（b）弯头磨损云图

图 4-75　$R=2D$ 时不同粒径渣石运移轨迹云图与 15°弯头磨损云图

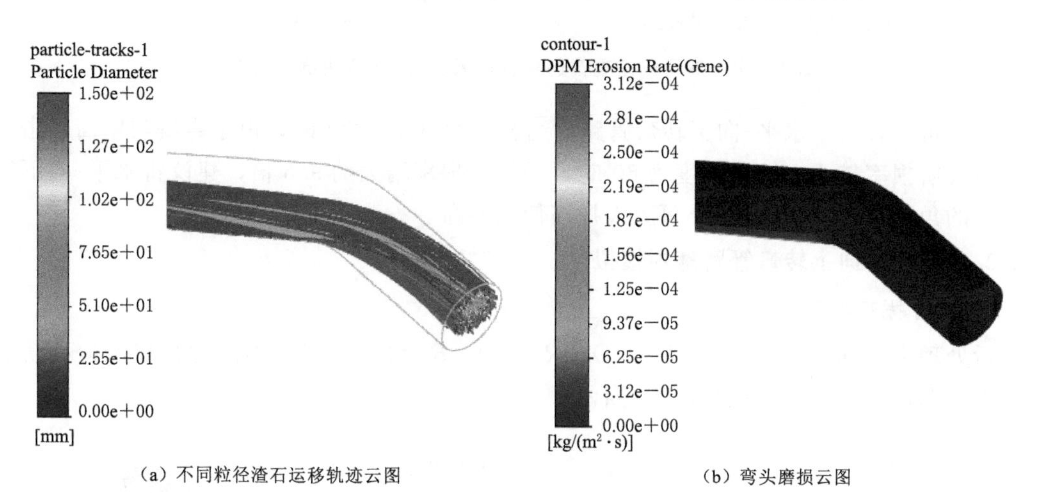

（a）不同粒径渣石运移轨迹云图　　（b）弯头磨损云图

图 4-76　$R=2D$ 时不同粒径渣石运移轨迹云图与 30°弯头磨损云图

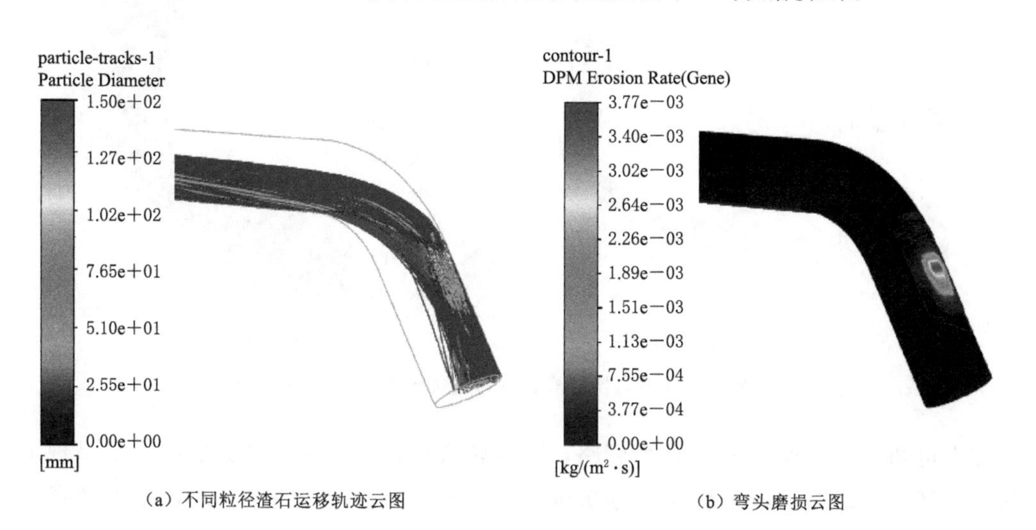

（a）不同粒径渣石运移轨迹云图　　（b）弯头磨损云图

图 4-77　$R=2D$ 时不同粒径渣石运移轨迹云图与 60°弯头磨损云图

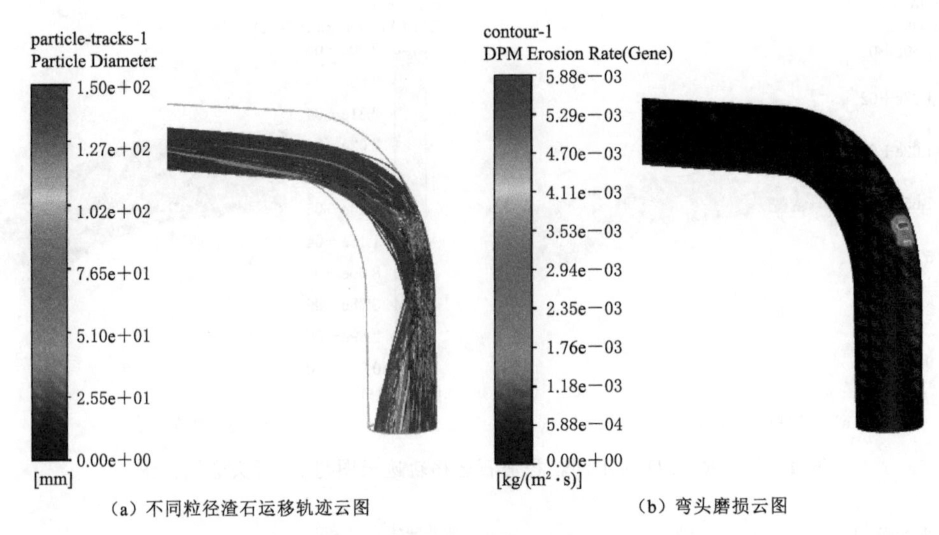

（a）不同粒径渣石运移轨迹云图　　（b）弯头磨损云图

图 4-78　不同粒径渣石运移轨迹云图与 90°弯头磨损云图

综上可知，对于水平-向下转弯管路，当转弯角度小于 30°时，由于岩渣与壁面冲击较少，最大磨损率较小，转弯角度为 60°时，最大磨损率增大约 9.5 倍，建议将水平-向下转弯弯头的角度控制在 30°左右，可大大提高使用寿命。

4.4.2.3　水平-向上转弯管路磨损模拟

1. 不同转弯半径

后处理中分别输出 $R=D$、$R=2D$、$R=3D$、$R=4D$ 工况下不同粒径岩渣运移轨迹和磨损云图，如图 4-79～图 4-82 所示。

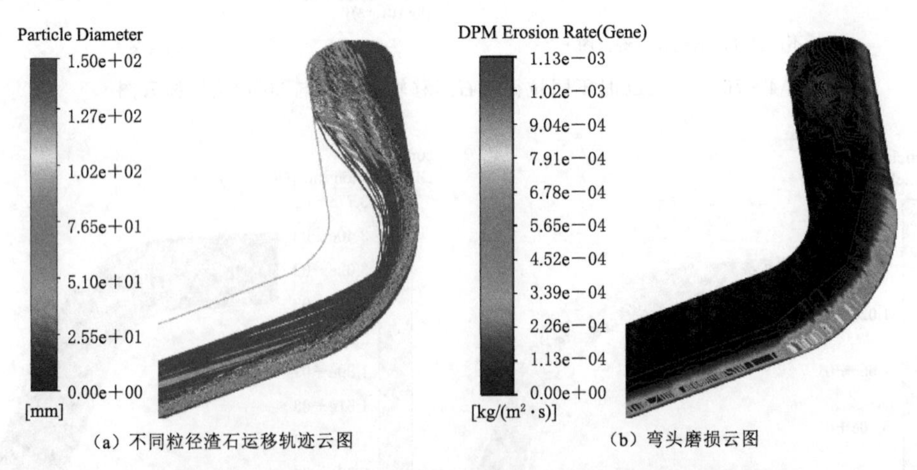

（a）不同粒径渣石运移轨迹云图　　（b）弯头磨损云图

图 4-79　$R=D$ 时不同粒径渣石运移轨迹云图与 90°弯头磨损云图

综上可知，对于水平-向上转弯管路，随着转弯半径的增加，最大磨损率下呈现下降的趋势，当 $R=D$ 时，最大磨损率为 0.0011kg/(m^2 · s)，当 $R=4D$ 时，最大磨损率下降为 0.0007kg/(m^2 · s)，最大磨损率下降约 1.57 倍，可见在水平-向上转弯管路中，使

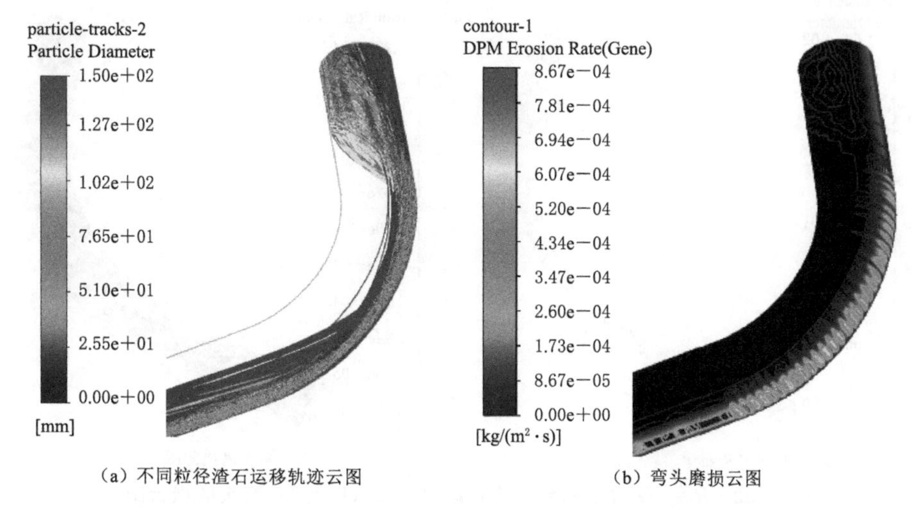

（a）不同粒径渣石运移轨迹云图　　（b）弯头磨损云图

图 4-80　$R=2D$ 时不同粒径渣石运移轨迹云图与 90°弯头磨损云图

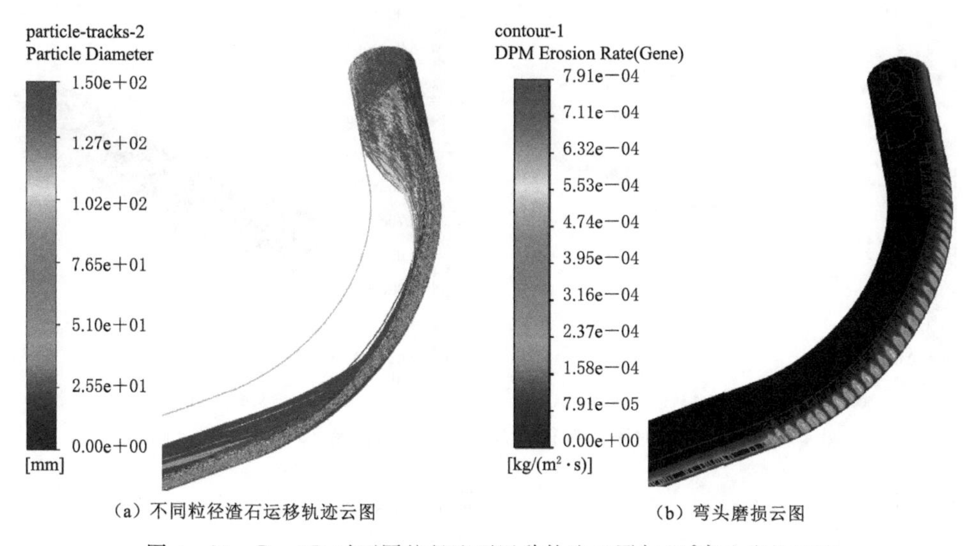

（a）不同粒径渣石运移轨迹云图　　（b）弯头磨损云图

图 4-81　$R=3D$ 时不同粒径渣石运移轨迹云图与 90°弯头磨损云图

用较大转弯半径的管路，同样可以提高管路使用寿命。

2. 不同转弯角度

后处理中分别输出 $R=2D$ 时，$\beta=15°$、$\beta=30°$、$\beta=60°$、$\beta=90°$工况下不同粒径岩渣运移轨迹和磨损云图，如图 4-83～图 4-86 所示。

综上可知，对于水平-向上转弯管路，当转弯半径 $R=2D$ 时，由于大粒径岩渣沉积在管路底部滚动滑移，最大磨损位置主要发生在弯头管路最底部，转弯角度对最大磨损率影响较小，转弯角度从 15°上升到 90°时，最大磨损率上升较慢，仅变大约 1.2 倍。

结合现场管路实际磨损情况，建议在管路铺设过程中尽可能采用较大的转弯半径和较小的转弯角度，以增加管路寿命。

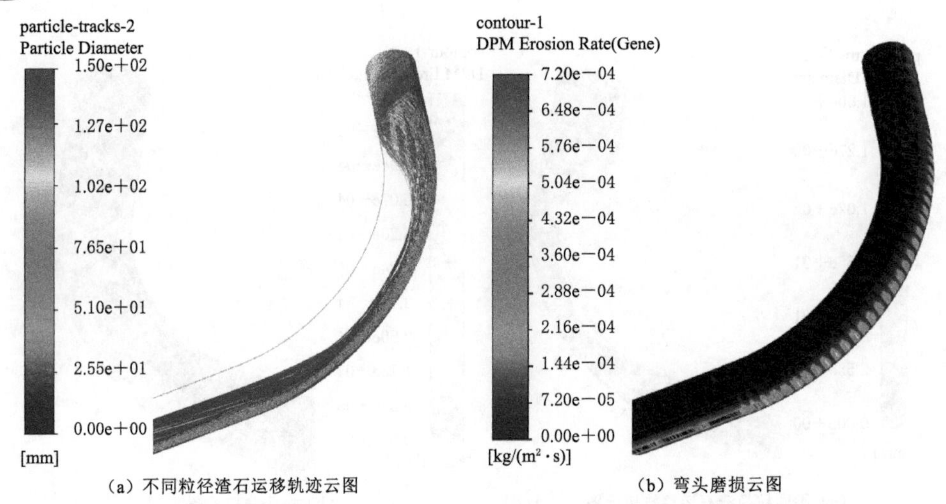

（a）不同粒径渣石运移轨迹云图　　　　（b）弯头磨损云图

图 4-82　$R=4D$ 时不同粒径渣石运移轨迹云图与 90°弯头磨损云图

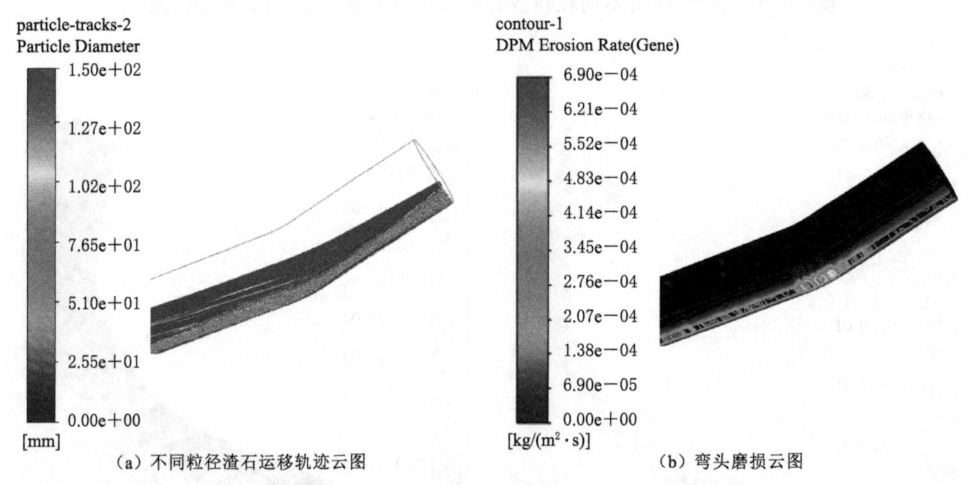

（a）不同粒径渣石运移轨迹云图　　　　（b）弯头磨损云图

图 4-83　$R=2D$ 时不同粒径渣石运移轨迹云图与 15°弯头磨损云图

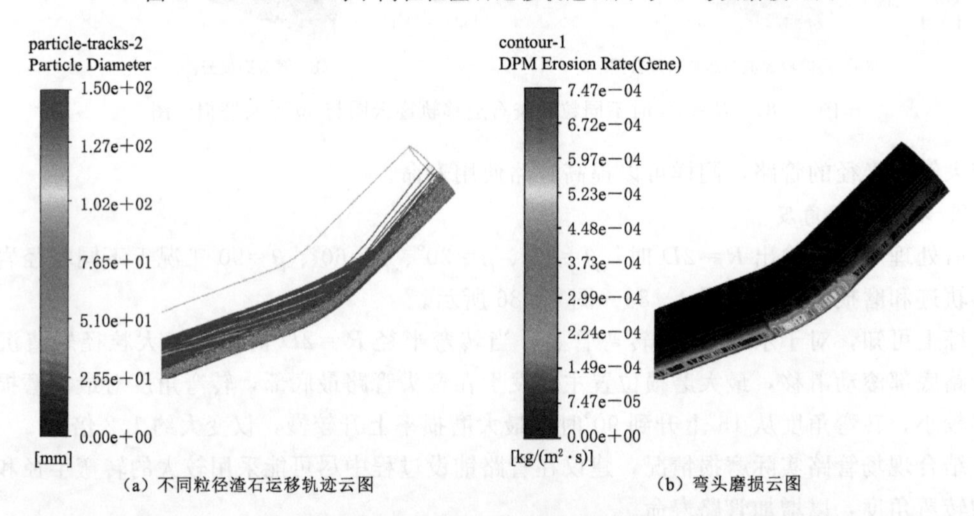

（a）不同粒径渣石运移轨迹云图　　　　（b）弯头磨损云图

图 4-84　$R=2D$ 时不同粒径渣石运移轨迹云图与 30°弯头磨损云图

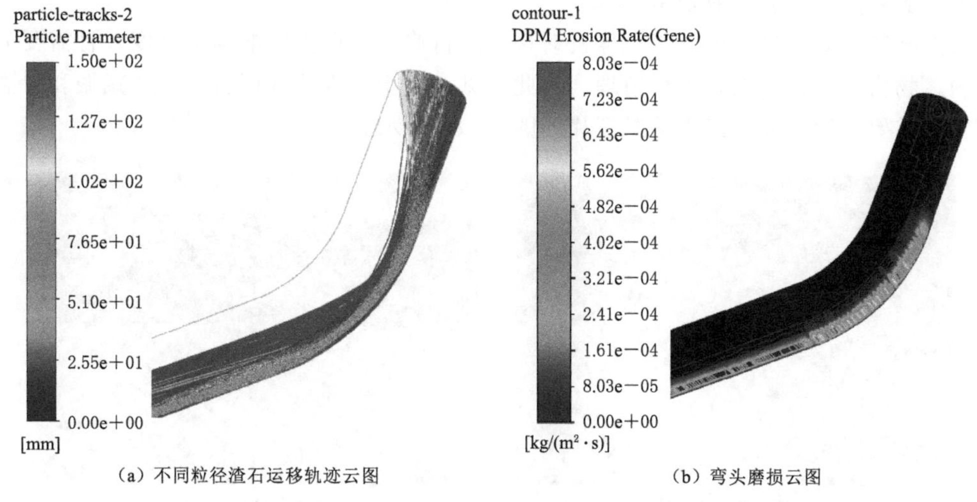

（a）不同粒径渣石运移轨迹云图　　（b）弯头磨损云图

图 4-85　$R=2D$ 时不同粒径渣石运移轨迹云图与 60°弯头磨损云图

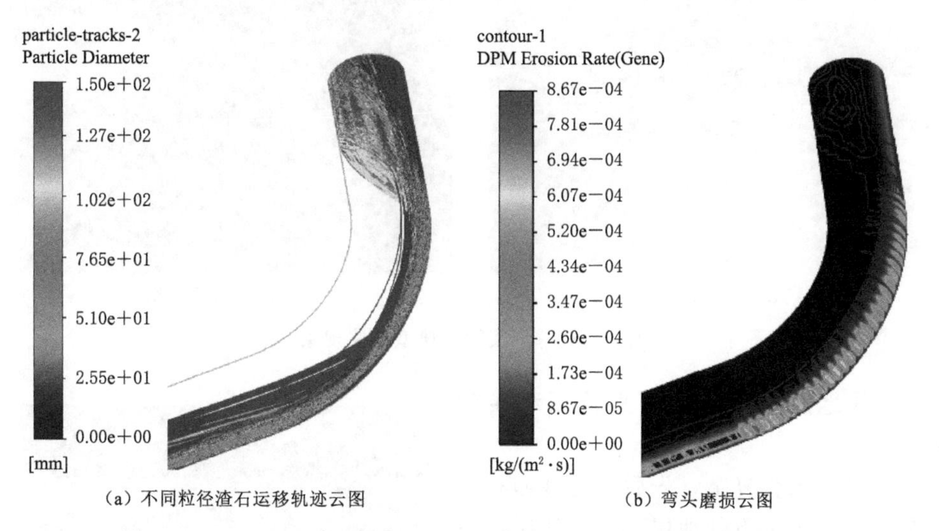

（a）不同粒径渣石运移轨迹云图　　（b）弯头磨损云图

图 4-86　$R=2D$ 时不同粒径渣石运移轨迹云图与 90°弯头磨损云图

4.5　环流系统管路振动分析

泥浆在流经管道的过程中，一方面，由于管路的弯头、阀门的开启与关闭、泥浆携渣特性等因素影响，不可避免地产生流速、压头的变化，加之泥浆泵在进浆与排浆时存在一定的周期性，使得管流的压力、速度和密度等参数既随位置变化，又随时间变化，产生湍流脉动，诱发管道振动。另一方面，管道内的大量石块在运输过程中，在管路弯头和泥浆泵处发生剧烈碰撞，形成激振力，同样引发管路系统的强烈振动。因此，泥水盾构排将管路振动是一个复杂的多场耦合问题，是泥浆—大粒径岩渣—管壁三者相互作用的共同结果。

4.5.1 管路振动对工程效益的影响

接头漏浆现象一旦发生，必须停机对接头进行修复，严重影响施工进度，且需要大量的人力、物力对隧道内泥浆进行清理。由此可见，对于泥水盾构而言，管路减振和耐磨措施都十分重要，现场典型接头漏浆照片如图 4-87 所示。

(a) 弯头螺栓接头漏浆

(b) 直管螺栓接头漏浆

(c) 抱箍接头漏浆

(d) 漏浆导致管路淹没

图 4-87　排浆管路典型漏浆现象

4.5.2 不同地层条件下排浆直管振动实测数据分析

本工程地质条件复杂，先后穿越砂卵石地层、硬岩地层、上软下硬地层和黏土地层，在此以 8 号测点实测数据为例（图 4-88），对不同地层条件下管路振动特性进行分析。

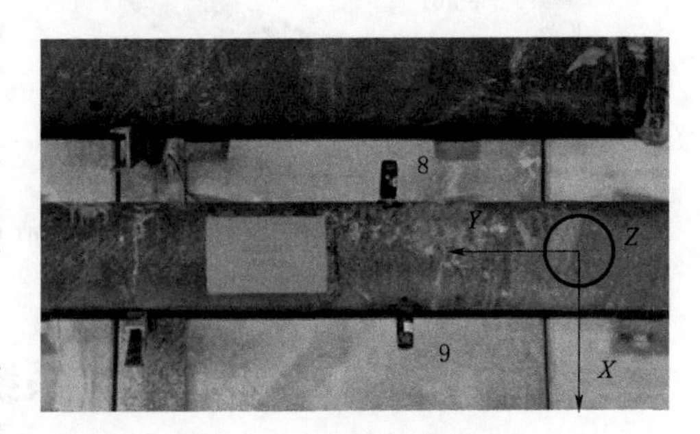

图 4-88　直管 8 号测点

一般来说，峰值用于描述上下对称的信号，本工程中上下信号不对称，故采用峰峰值用于描述振动信号，为排除偶然误差，取

$$X_p=\frac{X_{m1}+X_{m2}+X_{m3}+X_{m4}-(X_{n1}+X_{n2}+X_{n3}+X_{n4})}{4} \tag{4-10}$$

式中：X_{m1}、X_{m2}、X_{m3}、X_{m4} 为速度响应 4 个最大值；X_{n1}、X_{n2}、X_{n3}、X_{n4} 为速度响应 4 个最小值。

有效值/均方根值 V_{rms}（Root Mean Square）是指在一个周期内对信号平方后积分，再开方平均，可用于描述振动能量的大小，如式（4-11）所示。

$$x_{rms}=\sqrt{\frac{1}{N}\sum_{n=1}^{N}x^{2}(n)} \tag{4-11}$$

式中：$x(n)$ 为采样样本。

4.5.3 泥浆环流过程泥浆-管路流固耦合振动分析

在盾构开始推进前，环流系统会提前运行，此时管路中仅有泥浆，并无大粒径岩渣运移动（图 4-89），此时可测得泥浆湍流激励下管路振动特性，以环流系统启动但盾构未推进时的实测数据为例，分析仅在泥浆湍流激励下管路振动特征。在此，以某环环系统启动但盾构尚未掘进时管路振动实测数据为例，对泥浆-管路流固耦合振动进行分析。实测数据如图 4-90、图 4-91 所示。

(a) 渣土筛分情况

(b) 大粒径泥球

图 4-89 黏土地层环流管路运输渣土情况

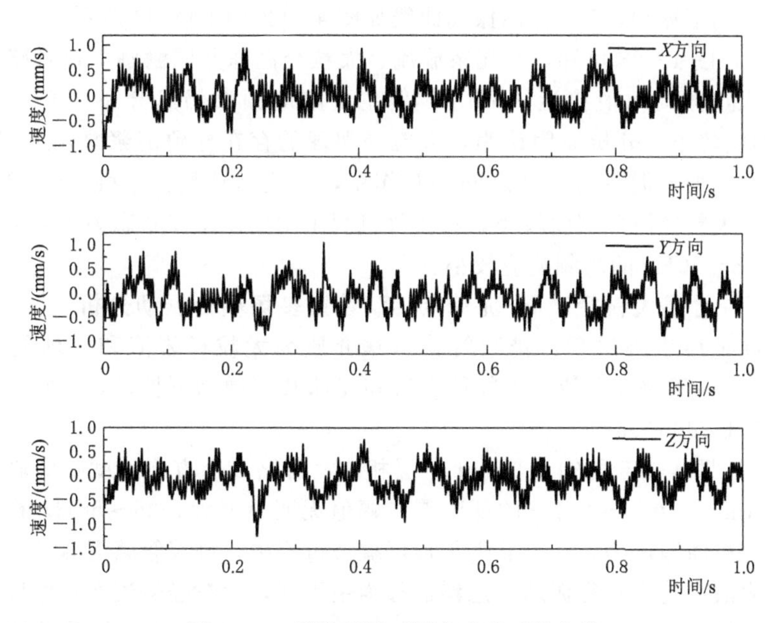

图 4-90 泥浆环流时测点速度时域曲线

由图 4-89、图 4-90 可知，泥浆湍流激励下的管路振动响应较小，X、Y、Z 3 个方向速度响应幅值基本维持在 1mm/s 以内，且主要为 0～25Hz 的低频振动，该振动对管路

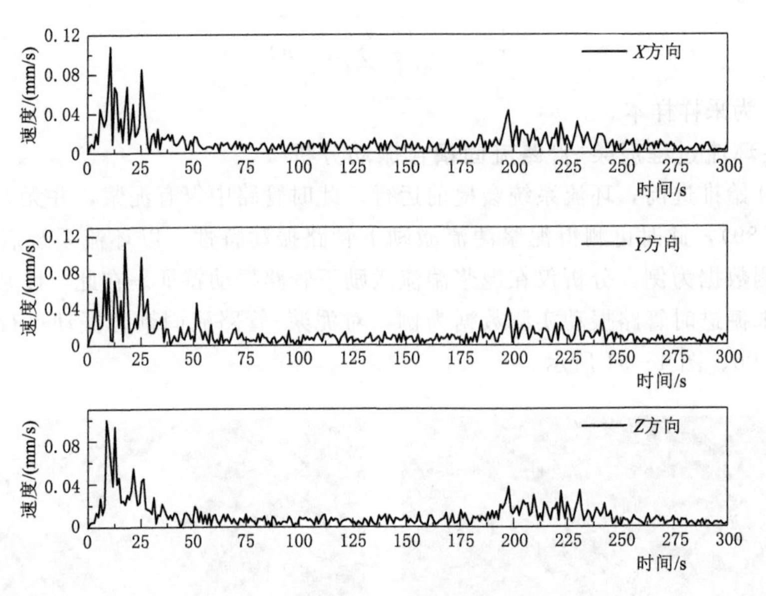

图4-91 泥浆环流时测点速度频域曲线

接头影响较小，基本不会导致接头发生疲劳破坏漏浆。

4.5.4 黏土地层泥球-泥浆-管壁多场耦合耦合振动分析

在黏土地层推进过程，由于刀盘与土体之间的黏附挤压作用，极易在刀盘位置形成泥饼，被泥浆冲刷下来的块状泥饼在管路中运移形成大粒径泥球，此时管路在泥浆湍流、大粒径泥球共同激励下振动，3个方向振动曲线如图4-92、图4-93所示。

由图4-92、图4-93可知，在泥浆湍流、大粒径泥球共同激励下，管路3个方向速度响应显著变大，振动幅值接近4mm/s，但主要响应频率仍然分布在0～25Hz，25～50Hz的速度响应较小。分析原因认为，大粒径泥球的存在导致渣浆泵出入口泥浆速度、压力等波动变大，加上泥浆与泥球之间相互作用，湍流脉动显著增强，0～25Hz的湍流激励响应变大。大粒径泥球密度较小，在运移过程中主要以悬浮状态为主，与管壁之间的碰撞较少，故25～50Hz的高频响应较小。

4.5.5 上软下硬地层大粒径渣石-泥球-泥浆-管壁多场耦合振动分析

在上软下硬地层推进过程，排浆管路运移介质为大粒径岩渣和泥球的混合物，如图4-94，此时排浆管路在湍流、大粒径岩渣和泥球共同激励下振动，3个方向振动曲线如图4-95、图4-96所示。

由图4-95、图4-96可知，与黏土地层相比，管路3个方向速度响应略有增强，振动幅值接近6mm/s，在0～25Hz的低频响应幅值无明显变大，25～50Hz的高频速度响应显著变大。分析原因认为，在上软下硬地层掘进过程中，排浆管路泥球数量减少，并开始出现大粒径岩渣，与大粒径泥球的悬浮运移为主不同，大粒径岩渣在管路底部紧贴壁面滚动、滑移，与管壁激烈碰撞，故25～50Hz的高频响应幅值变大，管路整体振动响应进一步变大。

4.5.6 全断面硬岩地层大粒径渣石-泥浆-管壁多场耦合振动分析

在全断面硬岩地层推进过程，管路中运移介质为大粒径岩渣，如图4-97所示，且含

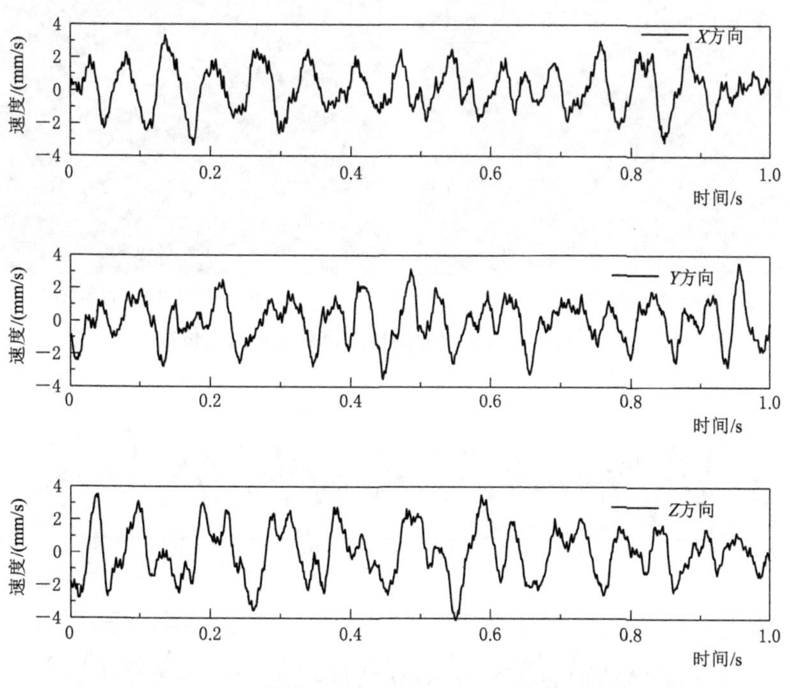

图 4-92 输送大粒径泥球时测点速度时域曲线

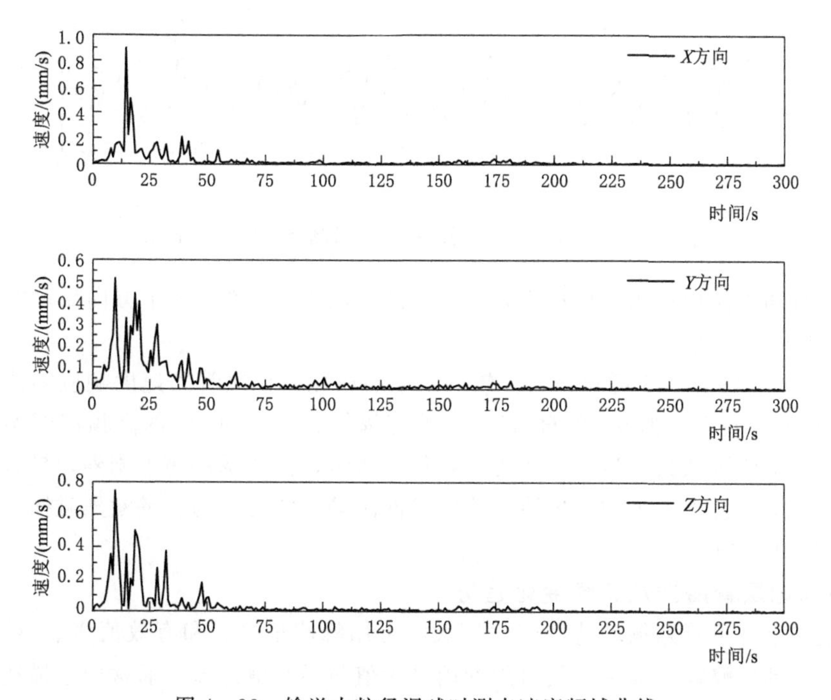

图 4-93 输送大粒径泥球时测点速度频域曲线

(a) 渣土筛分情况

(b) 大粒径岩石和泥球混合

图 4-94 上软下硬地层环流管路运输渣土情况

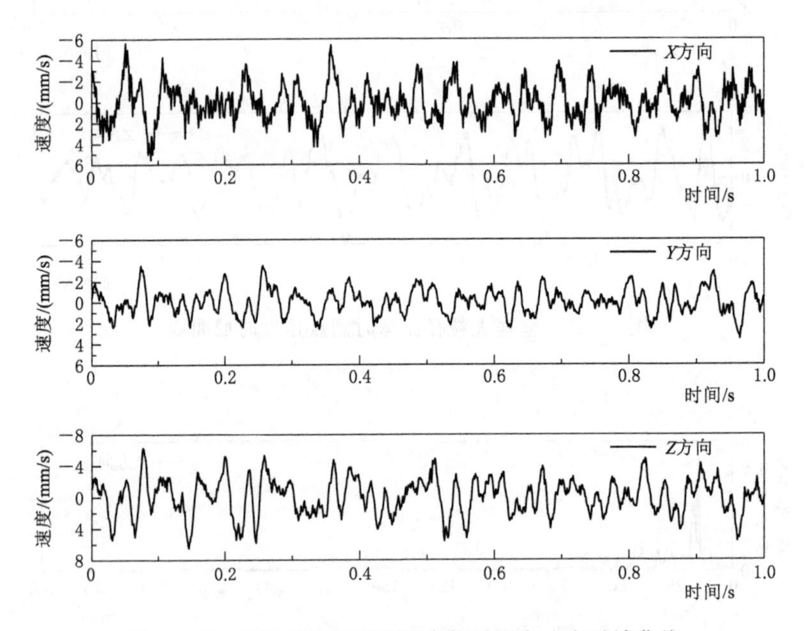

图 4-95 输送岩渣与泥球混合物时测点速度时域曲线

量极多，渣石和湍流均作为激振动力来源，管路振动更加剧烈，3个方向振动实测结果如图4-98、图4-99所示。

由图4-98、图4-99可知，与上软下硬地层相比，排浆管路速度响应幅值无明显变化，仍在6mm/s左右，但0～25Hz的低频响应幅值和25～50Hz的高频速度响应幅值均显著变大。分析原因认为，运移介质为大粒径岩渣时，湍流脉动更加剧烈，导致0～25Hz的速度响应增加，且大量大粒径岩渣在管路底部滚动、滑移，与管壁激烈碰撞，引发强烈的25～50Hz高频响应。

4.5.7 不同地层管路振动特性变化趋势

不同地层条件下管路振动特性变化较大，可用峰峰值 X_p 和有效值 X_{rms} 对其变化趋势进行描述。其中峰峰值为一个信号周期内最大值与最小值之差，通常用于描述非对称信号振动响应变化范围的大小。为尽可能排除数据的偶然误差，取峰峰值 X_p 为4个最大值和最小值之差的均值。不同工况条件下，峰峰值 X_p 和有效值 X_{rsm} 变化趋势大，峭度因

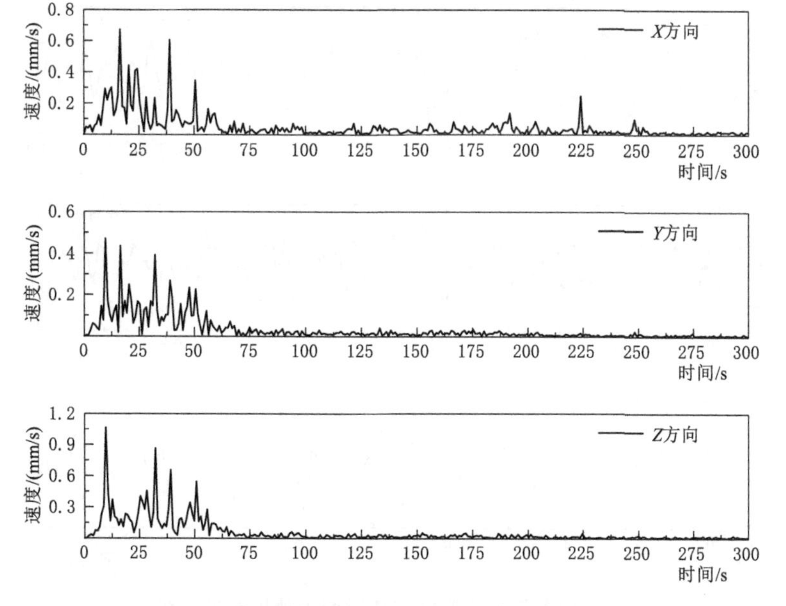

图 4-96　输送岩渣与泥球混合物时测点速度频域曲线

(a) 渣土筛分情况

(b) 大粒径岩渣

图 4-97　上软下硬地层环流管路运输渣土情况

子 K 无明显变化，不同地层条件下管路 3 个方向峰峰值 X_p、有效值 X_{rsm} 和 0～25Hz、25～50Hz 两个频率范围的速度响应峰值如图 4-100～图 4-102 所示。

由图 4-100～图 4-102 可知，从泥浆环流启动到全断面硬岩地层，伴随着排浆管路中大粒径岩渣含量的增加，管路 3 个方向振动峰峰值 X_p 和有效值 X_{rms} 总体呈现变大的趋势，且 25～50Hz 的高频速度响应峰值持续变大，在全断面硬岩地层中，Y 方向和 Z 方向 25～50Hz 的响应峰值与 0～25Hz 的响应峰值已十分接近，有效值的变大和激振频率的提高都将导致管路接头更易发生疲劳破坏而漏浆，因此全断面硬岩地层中排浆管路漏浆风险较大。

4.5.8　泥浆-管路流固耦合模态分析

为探究不同地层条件下管路振动加剧的原因，分析管路是否存在共振风险，对泥浆-管路系统进行单向流固耦合模态分析。泥浆流速取 3.5m/s，密度取 1150kg/m^3，黏度系

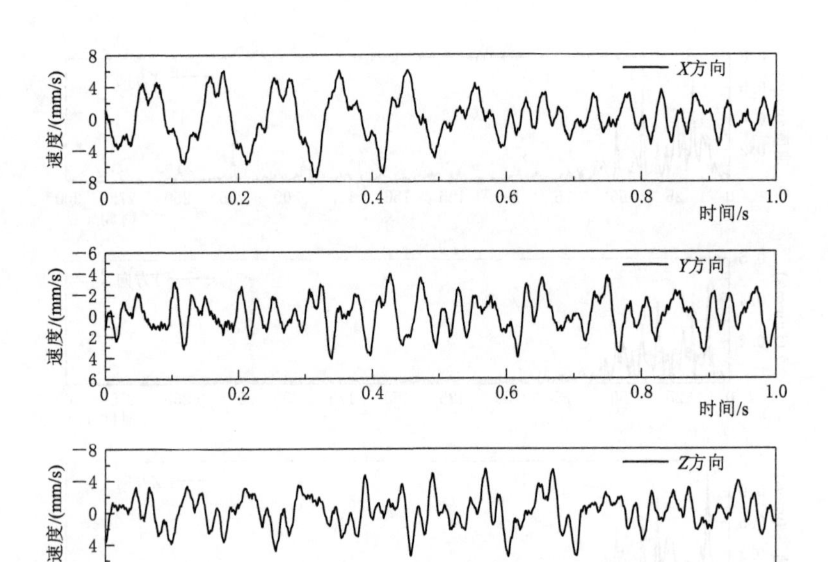

图 4-98 输送大粒径岩渣时测点速度时域曲线

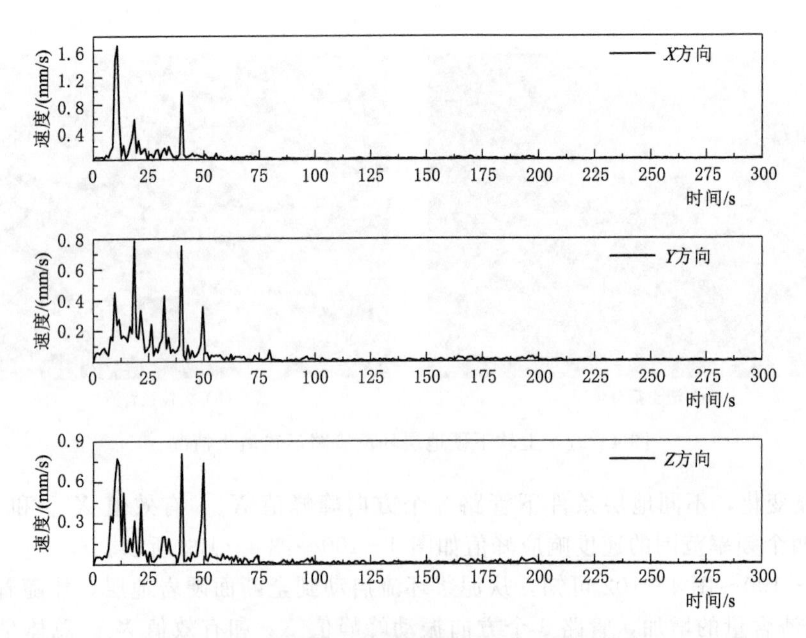

图 4-99 输送大粒径岩渣时测点速度频域曲线

数取 0.9Pa·$s^{0.7}$，采用标准 $k-\varepsilon$ 湍流模型进行计算。管路材料为碳钢，内径为 250mm，壁厚为 10mm，取密度为 7850kg/m^3，弹性模量为 200GPa，泊松比为 0.3，两端简化为固定约束，模态分析模型如图 4-103 所示。

1. 管路固定间距

现场管路固定间距存在一定的随机性，结合现场实际情况，分别对固定间距为 3.6m、4.8m、6m 的管路系统进行模态分析，考虑到对称结构存在相近的固有频率，在

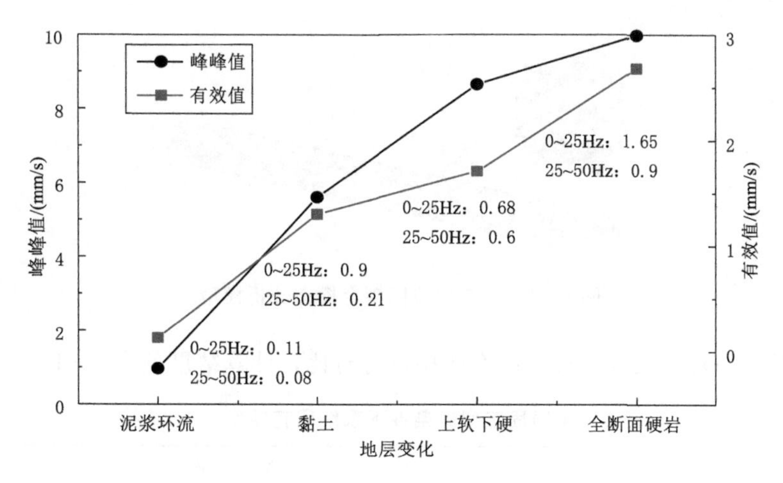

图 4-100 *X* 方向振动特性随地层变化

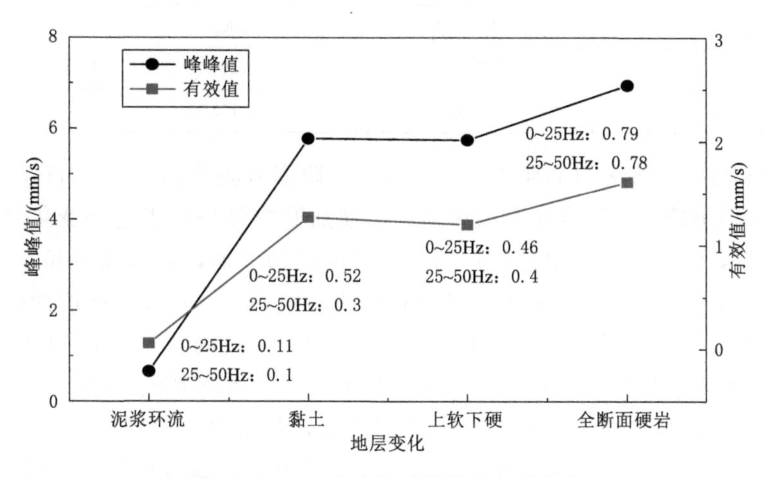

图 4-101 *Y* 方向振动特性随地层变化

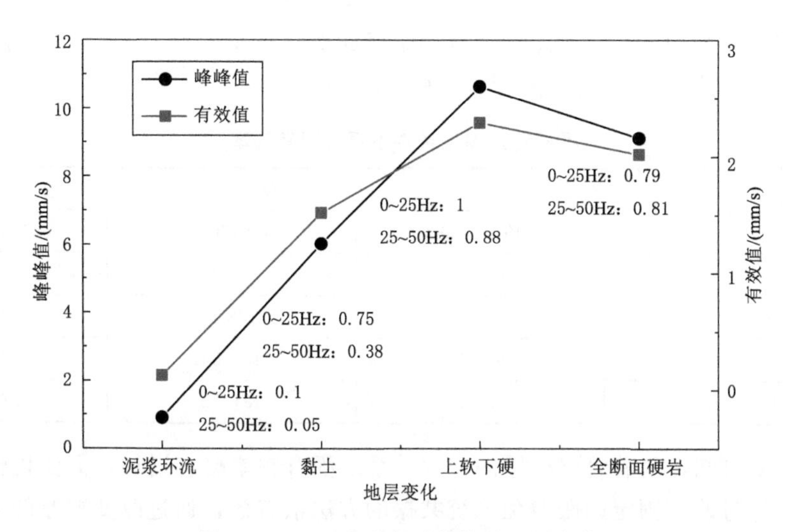

图 4-102 *Z* 方向振动特性随地层变化

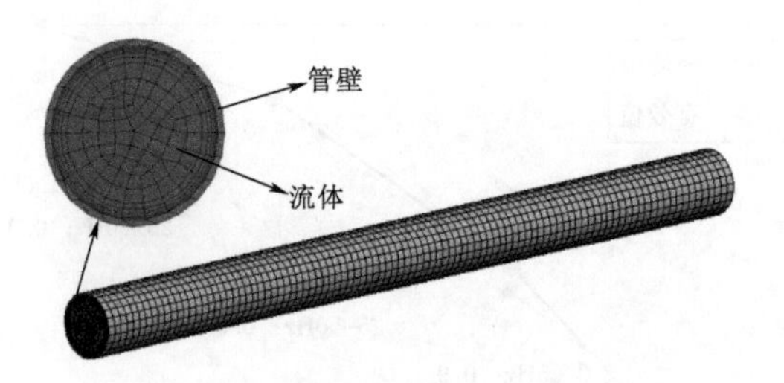

图 4-103 单向流固耦合模态分析模型

此取不同工况下一阶、三阶、五阶固有频率进行对比，计算结果见表 4-15。

表 4-15 不同固定间距条件下系统固有频率 单位：Hz

间距/m	频率		
	一阶固有频率	三阶固有频率	五阶固有频率
3.6	118.02	300.14	424.52
4.8	68.73	180.06	326.08
6	44.67	119.00	223.80

由表 4-15 可知，当固定间距为 3.6m 时，一阶固有频率为 118.02Hz，与渣石 25～50Hz 激振频率相距较远，不存在共振风险，振动加剧主要是由于地层变化导致渣石与管路碰撞更加剧烈，激振力变大引起的；随着固定间距的增加，系统固有频率大幅度降低，当固定间距为 4.8m 时，一阶固有频率为 68.73Hz，与渣石 25～50Hz 的激振频率较为接近，存在诱发系统共振的风险；当固定间距为 6m 时，一阶固有频率为 44.67Hz，在渣石 25～50Hz 的激振频率范围内，系统极易发生共振，引发管路剧烈振动，接头漏浆风险较高。建议当管路中运移介质存在较多大粒径渣石时，将管路固定间距控制在 3.6m 左右，使得管路固有频率远离渣石激振频率，避免系统发生共振，减少接头漏浆风险。

2. 管路壁厚

现场管路壁厚为 10mm，在此分别对固定间距为 3.6m、4.8m、6m 的管路系统进行模态分析，探究管路壁厚改变后系统固有频率变化规律。

表 4-16 不同管壁厚度条件下系统固有频率 单位：Hz

壁厚/mm	频率		
	一阶固有频率	三阶固有频率	五阶固有频率
6	67.54	177.06	318.29
8	68.24	178.9	326.08
10	68.73	180.06	327.01
12	69.25	181.32	327.04

由表 4-16 可知，随着管路壁厚的增大，系统固有频率略有增加，但变化较小，壁厚发生改变后，通过改变固定间距避免系统共振的方法依有效，通过改变壁厚的方法进行减振可行性较小。

4.5.9 基于管路振动信号的管路磨穿预警

为探究不同管壁厚度下管路振动特性变化规律，在 1280 环推进过程中对不同磨损程度的排浆直管振动特性进行现场测量，测量工况选取见表 4-17。

表 4-17　　4 种不同管路磨损程度工况选取

工况	位置/环	顶部厚度 $H_{上}$ /mm	底部厚度 $H_{下}$ /mm	工况	位置/环	顶部厚度 $H_{上}$ /mm	底部厚度 $H_{下}$ /mm
工况 1	8	7.51	5.88	工况 3	906	7.51	3.72
工况 2	124	7.52	4.76	工况 4	泥水厂管路	7.42	2.55

现场实测如图 4-104 所示。

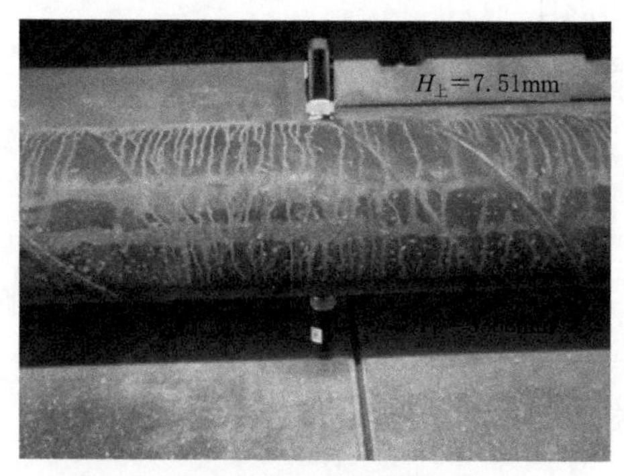

(a) 工况1现场实测

(b) 工况2现场实测

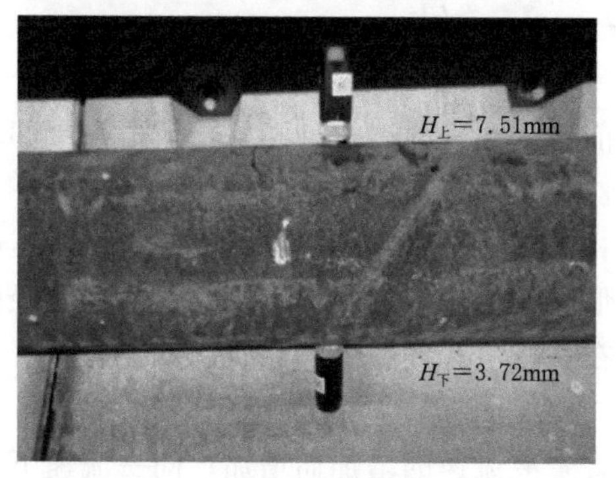

(c) 工况3现场实测

(d) 工况4现场实测

图 4-104　不同磨损程度管路振动特性现场实测

对泥水处理场第一个弯头进行磨损和振动同步监测，测量厚度分别为 13.29mm、8.09mm、4.5mm、2.14mm。通过对比分析，发现无论直管还是偏心加厚弯头，在管路壁厚接近 2mm 时，频域信号发生显著改变，如图 4-105 所示。

分析原因认为，对于直管底部和弯头外侧，随着管壁变薄，磨损点附近管路刚度变低，25～50Hz 的速度响应明显减小。当壁厚为 2mm 附近时，磨损点不再存在明显的 25～50Hz 的峰值频率，主要响应频率都集中在 0～25Hz。响应频率的改变可作为实际判断管路磨损状态、发出管路磨穿预警的的重要依据。

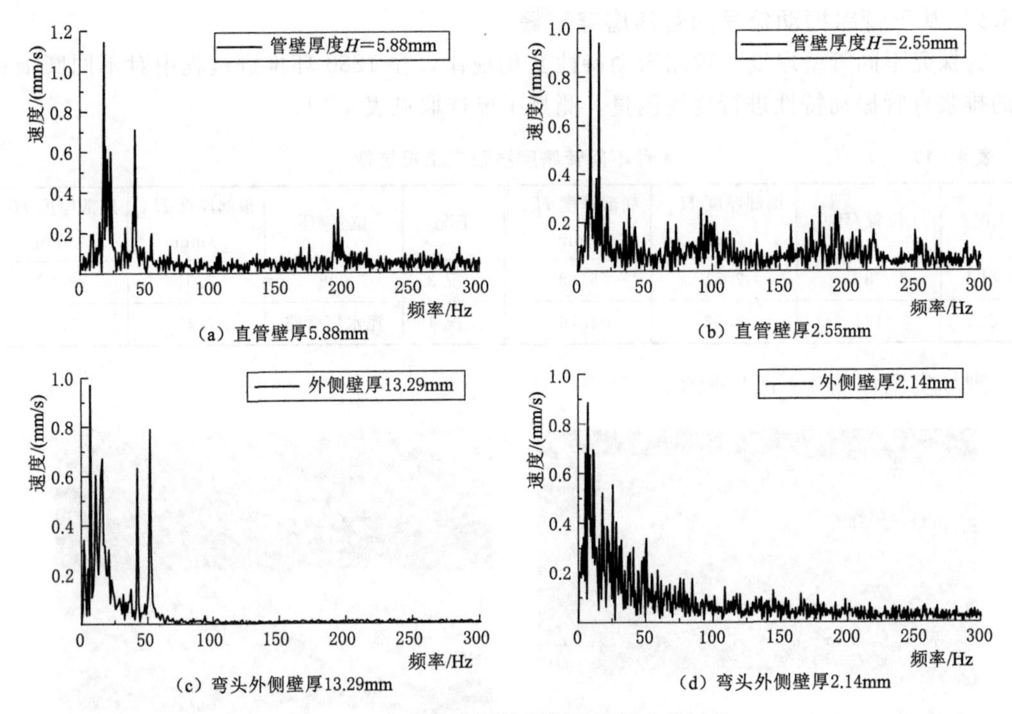

（a）直管壁厚5.88mm （b）直管壁厚2.55mm

（c）弯头外侧壁厚13.29mm （d）弯头外侧壁厚2.14mm

图 4-105 管路磨损前后振动特性变化对比

4.6 本 章 小 结

泥浆环流系统正常工作是盾构推进的必要前提，本章通过模型实验、数值模拟和现场实测等方法，对泥浆环流系统工作性能和安全性能展开研究，主要结论如下。

（1）模型实验结果表明，在卵石等容粒径相等的情况下，不同形状卵石的起动速度大小顺序为：椭球体>扁平状>近球体；在卵石形状系数相等的情况下，随着等容粒径的增大，卵石起动速度表现为：先增大后减小，存在一峰值起动速度；卵石起动速度随着管路倾角的增大而增大。

（2）对于任意级配卵石，管路压力损失随着浆液流速的增加而增加；同一流速下，造成管路压力损失大小的级配顺序：大粒径>中等粒径>混合粒径>小粒径；随着卵石体积分数的增大，浆液流速对压力损失的影响越来越大；随着浆液流速的增大，卵石体积分数对压力损失影响越来越大；压力损失随着管路倾斜角度的增大而增加，当管路倾角大于60°时，压力损失骤增。

（3）流速和等容粒径相等条件下，扁平状卵石在水平管路中的典型运移形态为滑动，椭球体和近球体卵石典型运移形态均为滚动；流速不变，形状系数相等条件下，随着等容粒径的增大，卵石在水平管路中的运动状态变化为滑动到滚动再到滑动；随着流速的增加，水平管路中卵石的运动状态表现为从滑动变为滚动；卵石在倾斜和竖直管路中均为滚动上移。

（4）建立了一套基于 CFD - DEM 流固耦合技术的泥水盾构环流系统沿程压力损失计算方法，环流系统沿程压力损失可通过式（4 - 12）进行计算：

$$\Delta P=\sum_{i=1}^{n}E_i+\sum_{j=1}^{m}E_j+\sum_{k=1}^{l}E_k+\Delta P_G \tag{4-12}$$

（5）数值计算结果表明，仿真压力损失与实测数据最大误差为 7.21%。水平直管道沿程压力损失约为 700Pa/m，竖直直管道沿程压力损失约为 1250Pa/m，竖直向上的半径 400mm 的 90°弯头压力损失约为 5500Pa/个。最终应在一标隧道内距 2 号二衬竖井 656m 位置内安放排浆泵（P23）、二标隧道内距 2 号盾构井 729m 内安放排浆泵（P22）、二标隧道内距 P22 号泵 1170m 内安放排浆泵（P21）。

（6）从实测磨损数据来看，渣石越尖锐，管路磨损速率越大，705 环之前为砂卵石地层，渣石较为圆滑，90°弯头磨损速率约为 3.33mm/100m，60°倾斜铺设管路磨损率约为 1.78mm/100m，盾构曲线段直管磨损率约为 0.83mm/100m，盾构直线段管路磨损率为 0.59mm/100m，705 环后，进入断层破碎带前期，渣石尖锐程度显著变大，管路磨损速率增大 1～2 倍；大粒径渣石占比越大，管路磨损速率越高，在本工程中，1089～1150 环大粒径渣石占比较大，直管磨损率约为 1.28mm/100m，1150 环之后，进入全断面硬岩，大粒径渣石占比减少，直管磨损率下降到约 0.83mm/100m；管路接头凹槽的存在最大可导致直管接头附近磨损速率增大 1.5 倍；新旧管路磨损速率无显著差别。

（7）数值模拟结果表明，当转弯半径 R 介于 D～$4D$、转弯角度 β 为 15°～90°时，5 种方向的转向弯头均呈现出管路转弯半径 R 越大，磨损越小，转弯角度 β 越大。实际工程中宜采用较大的转弯半径和较小的转弯角度，以增加管路寿命。

（8）在全断面硬岩地层掘进过程中直管振动最为剧烈，上软下硬地层次之，黏土地层振动最小，泥浆环流引起的管路激振十分微弱，可以忽略不计，泥浆湍流激振频率分布在 0～25Hz，大粒径岩渣激振频率集中在 25～50Hz，泥球以悬浮运移为主基本不改变激振频率。

（9）由模态分析结果可知，当固定间距为 6m 时，系统一阶固有频率为 44.67Hz，在渣石 25～50Hz 的激振频率范围内，存在共振风险。建议当管路中运移介质存在较多大粒径渣石时，将管路固定间距控制在 3.6m 左右，避免系统发生共振，减少接头漏浆风险。

（10）伴随着管路磨损的发生，磨损点附近管路刚度变低，25～50Hz 的速度响应明显减小。当壁厚为 2mm 附近时，磨损点不再存在明显的 25～50Hz 的峰值频率，主要响应频率都集中在 0～25Hz，该变化可作为判断管路磨损状态、发出管路磨穿预警的重要依据。

第5章 复杂地质条件泥水盾构掘进难题与解决措施

5.1 带压进仓施工

盾构机在复杂地质条件下掘进时，无法避免的会造成刀盘刀具磨损、环流滞排、堵仓的情况，此时就需开仓进入到泥水仓或气泡仓进行检查。进仓施工分常压进仓和带压进仓，当掌子面不稳定或地下水压、水量较大情况下，必须采用带压进仓。但是，带压进仓具有一定危险性，必须保证施工流程合规。

5.1.1 带压进仓准备工作

5.1.1.1 带压进仓条件验收

带压进仓前需进行准备工作，准备工作完成后需进行带压进仓条件验收，验收合格后方可进行带压进仓施工。根据现场经验结合带压进仓施工技术特点，总结带压进仓条件，见表5-1。带压进仓条件验收共有2大检查项，分别为主控条件、一般条件；主控条件共有11项检查内容，一般条件共有2项检查内容。其中地质情况检查应根据上述盾构动态施工中地质分析方法进行分析，判断进仓掌子面稳定性。接下来将对盾尾封堵、泥膜质量、刀具运输模拟试验、盾构机设备检查等内容进行详细介绍。

表5-1　带压进仓条件验收表

序号	检查条件		核查内容
1	主控条件	施工方案	盾构开仓安全专项施工方案（包括应急预案）、专家论证、审批齐全有效
2		地质情况	已对盾构开仓位置及已掘进的地质、水文地质条件进行分析
3		盾尾封堵	按要求对盾尾进行封堵，且管片开孔不漏水
4		监控量测	盾构机所处位置定位测量完毕，开仓区域地面警示标识及隔离带设置合理。开仓区域检测点布设完成，初始值已读取
5		设备机具	各种仪器及附件工作正常，施工工具及更换刀具准备到位，盾构刀盘已锁定，并指定专人监管
6		泥膜质量	泥浆建膜资料完整，加压、减压、保压试验达到规范要求
7		有限空间作业准备	有限空间作业施工准备完成，有害气体检测设备已调试合格
8		环境风险	建构筑物及管线核查，地上、地下管线标识，针对性保护措施落实到位
9		应急准备	应急设备及材料配备齐全，配备救援药品及救援人员
10		作业人员	作业人员数量、取得相应的资格证书符合要求，作业人员体检，安全教育、安全交底和技术培训完成
11		作业单位资质	作业单位资质、许可证等资料齐全，安全生产协议已签署，人员资格满足要求

续表

序号	检查条件		核查内容
12	一般条件	材料及构配件	质量证明文件齐全，复试合格
13		风水电	施工风、水、电满足施工要求

5.1.1.2 盾尾封堵

由于管片与开挖轮廓面存在间隙，需将此间隙封堵住，以防止地下水进入掌子面范围内，同时有利于泥膜的快速形成。间隙封堵以“保证同步注浆为主，二次注浆为辅”为原则。

(1) 同步注浆。在到达预定开仓位置前，提前提高1～5环管片的同步注浆量，填充密实土层与盾壳之间的间隙，阻断管片与盾壳之间的水流通道。同步注浆量需达到间隙量的180%～250%。

(2) 管片背后封水。计划开仓前在盾构机后部10环范围内每环进行二次注浆，浆液类型为纯水泥浆，水灰比为(0.6～1.0)∶1，初凝时间为0.5～2h，注浆压力控制为0.3～0.5MPa，注浆角度范围为0°～360°，每环注浆量为4m^3左右，在盾构机后部形成止水环箍，阻断外来水进入盾构机前部；开仓实施前，打开管片吊装孔进行确认，必要时，使用水玻璃溶液或聚氨酯进行加强隔水。

(3) 浆液等强。注浆完成后等待一定时间进行浆液等强，可间隔2h轻微转动刀盘，防止刀盘凝结无法转动。

(4) 盾构机护壁支撑。在盾构机到达预定开仓换刀位置后，采用高黏度膨润土填充盾构机盾壳，防止长时间停机地层沉降包裹盾体。

5.1.1.3 泥膜质量

1. 泥膜制作流程

(1) 洗仓。盾构机泥水循环系统进行正送、逆洗卸渣冲洗泥水仓，在环流模式切换前采用双司机复核制度，严禁循环流量超过7m^3/min；洗仓过程中可低速转动刀盘及间接性启动破碎机；洗仓标准以筛分不再出渣为止。

(2) 盾构机泥水仓浆液置换。泥水处理站（二衬井）筛分设备开启旁通模式，将盾构机排浆管切换至泥浆池；采用故罐车从泥水处理站（二衬井）倒运高黏度泥浆到盾构井，下放到电瓶车砂浆车后泥浆指标为60～100s，运输到台车砂浆箱中，通过一号同步注浆系统给刀盘中上部加注高黏度泥浆，加注速度不宜过快，同时开启盾构机泥水循环系统旁通控制切口水压在3.6bar。加注30m^3膨润土后，开始间接性低转速转动刀盘，待加注到40m^3膨润土时，对泥水仓中部及下部泥浆取样检测，取样期间刀盘保持低转速运转。若泥水仓内取得指标低于35s，继续加注新浆置换，若大于35s，保持切口水压渗透，间隔2h测一次，当某次测的指标低于35s时，可以低流量、低压力继续加注新浆，此过程严禁转动刀盘。

(3) 低黏度泥浆渗透。当泥水仓内泥浆指标达到35s后，开始进入静止渗透阶段，切口水压保持在3.5bar左右（渗透切口水压应比地下水压大1bar以上），观察并记录从3.5bar降至3.3bar的时间，观察并记录从3.3bar降至3.0bar的时间。降至3.0bar后，通过注浆系统低速缓慢注入高黏度泥浆，将切口水压补充至3.5bar。重复此工作，准确及时记录每次切口水压变化时间点。

间隔2h左右测一次舱内泥浆指标并记录。当低于30s时，重新补充泥浆，提升至35s（记录此过程的时间节点及所需泥浆方量）。

重复此工作渗透12h，待12h后通过观察切口压力下降速率来判断是否还需要此泥浆指标继续渗透。

（4）中黏度泥浆渗透。

1）当通过观察第3步切口水压变化速率记录认为合格后，进行中黏度泥浆渗透。

2）泥水仓内泥浆快速提升至120s。

3）然后重复步骤3，进行中黏度渗透，观察并记录。

4）切口水压降至3.0bar就通过注浆泵小流量、低流速补切口水压。

5）当仓内指标降至100s，就提升舱内泥浆指标，2h测一次。记录要及时准确。

（5）高黏度泥浆渗透。

1）当通过观察第4步切口水压变化速率记录认为合格后，进行高黏度密实，形成及养护泥膜。

2）泥水仓内泥浆快速提升至200s。

3）重复步骤4，进行高黏度密实，观察并记录。

4）切口水压降至3.0bar，通过注浆泵小流量、低流速补切口水压。

5）当仓内指标降至180s，提升舱内泥浆指标，2h测一次。记录要及时准确。

6）此过程进行12h，观察对比所有切口水压变化速率，可判定泥膜是否已形成及形成效果。

2. 泥膜气密性试验

为了判断泥膜能否在规定气压下保证掌子面稳定，必须进行泥膜气密性试验。

待泥膜制作完成，盾构机司机开启Samson自动保压系统降泥水仓液位（泥水仓液位降低至换刀作业队伍要求，泥水仓时钟点位3点、9点以下）；并进行泥水仓气密性实验，压力3.0bar，且保压时间不小于3h，检查地层漏气情况；当供气量小于供气能力的10%时，开挖仓气压能在3h内无变化或不发生大的波动时，表明保压试验合格，此项工作进行两次实验，两次试验均合格，才能证明泥膜的建立质量符合开仓要求。

5.1.1.4 刀具运输模拟试验

（1）地面材料准备班组提前准备好更换刀具及刀具所需要的压块、楔块及螺栓，采用45t龙门吊运送至井下电瓶车。

（2）地面调度室安排电瓶车将更换刀具及配件运送至隧道内1号台车位置。

（3）隧道内配件运输小组待电瓶车到位后有序安排掘进队伍将刀具运送至喂片机上待命（刀具吊装采用两个吊装吊耳及一根1t的吊带，喂片机上提前放置一块走道板，用于刀具运输）。

（4）隧道内配件运输小组提前在1号油缸上部安装一个1t的手拉葫芦（油缸处固定手拉葫芦采用1t吊带，禁止使用钢丝绳等高强度的链条造成油缸损坏）。

（5）隧道内配件运输小组得到负责人通知后采用拼装机旋转装置将刀具送至1号油缸

下部，在采用提前安装在1号油缸处的手拉葫芦将刀具二次转运至人仓外部平台（刀具吊装前由配件运输小组组长确认吊装吊环螺栓是否达标，防止拼装机吊运刀具时滑落损坏盾构机千斤顶）。

（6）隧道内配件运输小组提前在人仓门口上部焊接好刀具吊装吊耳，待刀具运送至人仓外部平台后采用提前焊接的吊耳利用1t手拉葫芦将刀具运送至人仓（在刀具吊运途中严谨磕碰沿途的液压系统阀组、管路及人仓各压力表等盾构机设备）。

5.1.1.5 盾构机设备检查

根据盾构机设备情况，对其带压进仓设备进行检查，此处只列出北京南水北调项目带压进仓设备检查内容，以示参考，见表5-2。

表5-2　带压进仓盾构设备检查表

序号	检查项	检查内容
1	90kW 空压机	1. 检查空压机加载、卸载压力是否满足要求，加载压力设定为8bar，卸载压力设定为10bar。 2. 检查空压机运行温度是否正常。 3. 检查空气管路是否存在漏气情况，各管路接头进行紧固
2	90kW 备用空压机	4. 检查空压机加载、卸载压力是否满足要求，加载压力设定为8bar，卸载压力设定为10bar。 5. 检查空压机运行温度是否正常。 6. 检查空气管路是否存在漏气情况，各管路接头进行紧固
3	55kW 空压机	7. 检查空压机加载、卸载压力是否满足要求，加载压力设定为8bar，卸载压力设定为10bar。 8. 检查空压机运行温度是否正常。 9. 检查空气管路是否存在漏气情况，各管路接头进行紧固。 10. 55kW空压机处于运行状态，55kW空压机与90kW空压机管路连通阀处于关闭状态，当2台90kW空压机均出现故障时，打开连通阀，由55kW空压机为Samson保压系统供气
4	冷干机	11. 检查冷媒低压压力、高压压力是否正常。 12. 检查冷干机运行状态，测量冷干机空气出口温度是否正常
5	空压机 冷却系统	13. 检查空压机冷却水泵远程、本地启动、停止是否正常。 14. 检查空压机冷却水压力、流量、温度是否正常。 15. 检查空压机冷却水泵运行状态，是否有异响。 16. 检查冷却水管路接头，是否存在松动漏水情况。 17. 空压机连续运行2h，检查运行温度是否正常
6	Samson 系统	18. 检查操作室气源压力值、设定压力值，气泡仓压力显示值是否稳定，是否正确。 19. 检查操作室Samson系统本地远程切换是否正常，LOOP1、LOOP2切换是否正常，加减压力设定值是否正常。 20. 切换至Samson系统本地操作，检查设定压力值，气泡仓压力显示值是否稳定正确，加减压力设定值是否正常。 21. 检查Samson系统手动功能是否正常。 22. 切换至Samson系统自动模式，检查气泡仓压力显示值能否维持压力设定值
7	发电机	23. 发电机外观检查，电瓶电量是否充足，油位、蒸馏水是否满足要求。 24. 检查发电机线路连接是否正确，检查线路绝缘电阻、接地电阻是否满足要求。 25. 检查发电机能否正常启动，运行是否稳定，测量其输出电压是否正常。 26. 合上漏电保护器，检查发电机供电是否正常，空压机、冷却水泵是否可以正常运行

续表

序号	检查项	检 查 内 容
8	人仓	27. 人仓外观检查，各仪表显示是否正常，仓门密封是否正常。 28. 人仓水、气、电是否已通，人仓加减压、消防水、照明、加热、纸带记录器功能是否正常。 29. 人仓保压试验是否正常
9	刀盘	30. 刀盘本地、远程旋转是否正常，转速是否正常，满足换刀需要
10	拼装机系统	31. 拼装机旋转、平移、大臂伸缩功能是否正常，满足运刀需要
11	推进系统	32. 推进油缸伸缩是否正常，满足运刀需要
12	液动球阀系统	33. 各个液动球阀开关是否顺畅，满足泥浆环流需要
13	泥浆环流系统	34. 各个泥浆泵启动、停止、运转是否正常，满足升降液位需要
14	盾构机电力系统	35. 对盾构机电力系统进行排查，检查各个接线是否符合标准，线路有无虚接，线缆有无破皮，保证换刀期间正常电力供应

5.1.2 泥水仓升降液位操作技术

5.1.2.1 纯泥水模式降液位操作

纯泥水降液位操作规程。盾构主司机在得到降液位操作指令后：①安排 1 个副司机与 1 个机修达到环体内 Samson 自动保压系统进排气手动阀组位置、安排 1 个技术人员到空压机位置记录和观察空压机运行状态、安排 1 个机修达到环体内泥水仓与气垫舱联通阀位置；盾构主司机同时开启 Samson 自动保压系统供气空压机，并验证 Samson 自动保压系统泥水仓压力值与设定值是否一致；②盾构主司机在确认人员到位、设备完好后通知泥水操作司机启动泥水环流系统旁通模式并打开排浆阀组准备进行降液位操作；③盾构主司机通知环体内的机修打开泥水仓与气垫仓的联通阀，另一个副司机开启 Samson 自动保压系统进排气阀组（进气阀组先打开一半，防止压力波动时可以迅速关闭）；④泥水操作司机通过进排泥流量差控制切口水压稳定，流量差不得大于 0.5m^3/min，并缓慢降低泥水仓液位（泥水操作司机在降液位时要注意 Samson 自动保压系统气源压力的稳定性，不允许降液位流量太大造成气源压力波动较大）；⑤待泥水仓液位降低至时钟点位 3 点、9 点以下及液位稳定后（通过气垫舱液位计、液位开关冲洗口和中心回转备用冲洗口验证液位情况），关闭排浆阀组 V2，盾构机泥水循环系统停止，关闭 V1、V5、V4、V3 阀组，开始气密性实验，同时盾构主司机记录好泥水仓压力变化情况、空压机观察人员记录好设备加载运行情况、地面巡视人员检查是否有漏气现象。

5.1.2.2 纯泥水模式升液位操作

纯泥水模式升液位操作。盾构带压开仓现场负责人在确认进仓作业小组离开泥水仓后，并与进仓作业小组组长确认泥水仓仓门开闭后通知盾构主司机进行升液位操作。盾构主司机在得到降液位操作指令后：①安排 1 名副司机与 1 名机修达到环体内 Samson 自动保压系统进排气手动阀组位置、安排 1 名技术人员达到泥水仓排气口、安排 1 名机修达到环体内泥水仓与气垫舱联通阀位置；②盾构主司机在确认人员到位、设备完好后通知泥水操作司机启动泥水环流系统旁通模式并打开排浆阀组准备进行将升液位操作；③盾构主司机通知环体内的机修关闭泥水仓与气垫仓的联通阀，另一个副司机关闭 Samson 自动保压系统进排气阀组（泥水操作司机注意 Samson 自动保压系统关闭后切口压力的变化，通过加浆控制切口压力的稳定性）；④泥水操作司机通过进排泥流量差控制切口水压稳定，流量差不得大于 $0.5m^3/min$，并通知环体内的技术人员打开泥水仓排气阀组（泥水操作司机在升液位时要及时与控制泥水仓排气阀组的技术人员沟通，控制加浆流量与排气速度的匹配，切不可造成切口压力大的波动破坏泥膜）；⑤环体内技术人员待到泥水仓排气阀组排出泥浆时关闭手打球阀，并通知盾构主司机升液位完成；⑥泥水操作司机待切口压力稳定后关闭排浆阀组 V2，盾构机泥水循环系统停止，关闭 V1、V5、V4、V3 阀组；⑦盾构主司机安排专人定期对泥水仓泥浆进行检测，当泥浆不达标时通知泥水操作司机进行泥浆置换来养护泥膜；同时盾构主司机记录好泥水仓压力变化情况。

5.1.2.3 气压模式降液位操作

气压模式降液位操作规程。盾构主司机在得到降液位操作指令后：①安排 1 个技术人员到空压机位置记录和观察空压机运行状态、安排 1 个机修达到环体内泥水仓与气垫舱联通阀位置；盾构主司机同时开启 Samson 自动保压系统供气空压机，并验证 Samson 自动保压系统泥水仓压力值与设定值是否一致；②盾构主司机在确认人员到位、设备完好后通知泥水操作司机启动泥水环流系统旁通模式并打开排浆阀组将气垫舱液位降至盾构机下部 2m 处；③盾构主司机通知环体内的机修打开泥水仓与气垫仓的联通阀；④联通阀打开后，1. 切口压力会波动，2. 气垫舱液位会升高，泥水操作司机可以加大排浆流量控制气垫舱液位，盾构主司机减小 Samson 自动保压系统设定值保障泥水仓切口压力的稳定；⑤泥水仓切口压力稳定后，泥水操作司机通过进排泥流量降低泥水仓液位，要求进排泥流量差不得大于 $0.5m^3/min$，并缓慢降低泥水仓液位（泥水操作司机在降液位时要注意 Samson 自动保压系统气源压力的稳定性，不允许降液位流量太大造成气源压力波动较大）；⑥待泥水仓液位降低至时钟点位 3 点、9 点以下及液位稳定后（通过气垫舱液位计、液位开关冲洗口和中心回转备用冲洗口验证液位情况），关闭排浆阀组 V2，盾构机泥水循环系统停止，关闭 V1、V5、V4、V3 阀组，开始气密性实验，同时盾构主司机记录好泥水仓压力变化情况、空压机观察人员记录好设备加载运行情况、地面巡视人员检查是否有漏气现象。

5.1.2.4 气压模式降液位操作

气压模式升液位操作。盾构带压开仓现场负责人在确认进仓作业小组离开泥水仓后，并与进仓作业小组组长确认泥水仓仓门开闭后通知盾构主司机进行升液位操作。盾构主司机在得到降液位操作指令后：①安排 1 个技术人员达到泥水仓排气口、安排 1 个机修达到环体内泥水仓与气垫舱联通阀位置；②盾构主司机在确认人员到位、设备完好后通知泥水操作司机启动泥水环流系统旁通模式并打开排浆阀组准备进行将升液位操作；③盾构主司机通知环体内的机修关闭泥水仓与气垫仓的联通阀；④泥水操作司机通过进排泥流量差进行升液位操作，并通知环体内的技术人员打开泥水仓排气阀组（泥水操作司机在升液位时要及时与控制泥水仓排气阀组的技术人员沟通，控制加浆流量与排气速度的匹配，切不可造成切口压力大的波动破坏泥膜，加浆流量控制在 $0.5m^3/min$)；⑤环体内技术人员待到泥水仓排气阀组排出泥浆时关闭手打球阀，并通知盾构主司机升液位完成；⑥泥水操作司机待切口压力稳定后关闭排浆阀组 V2，盾构机泥水循环系统停止，关闭 V1、V5、V4、V3 阀组；⑦盾构主司机安排专人定期对泥水仓泥浆进行检测，当泥浆不达标时通知泥水操作司机进行泥浆置换来养护泥膜；同时盾构主司机记录好泥水仓压力变化情况。

5.1.3　带压进仓施工技术

5.1.3.1　进仓作业内容

（1）检查刀盘磨损情况。检查刀盘面板、刀盘搅拌棒耐磨层、耐磨网的磨损量，给刀盘耐磨层补焊提供依据。

（2）检查刀具磨损情况。

1）检查中心双联先行刀磨损量。

2）检查正面单联先行刀的磨损量。

3）检查周边刮刀的刀刃及刀体磨损情况。

4）根据刀具磨损情况进行刀具更换工作。

5）对不需要进行更换的刀具逐一安装螺栓进行一次紧固。

（3）检查主轴承外密封情况。

1）检查主轴承外密封钢圈有无变形和磨损损坏。

2）检查主轴承外密封钢圈是否有密封油脂挤出（有油脂挤出为正常），是否有泥沙挤入密封（泥沙挤入为不正常）。

（4）检查刀盘及土仓结泥饼的情况。

1）检查刀盘中心周围是否有牢固黏结的泥块。

2）检查刀具周围是否有牢固黏结的泥块。

3）检查刀盘开口边缘是否有牢固黏结的泥块。

4）检查泥水舱是否有牢固黏结的泥块。

5）检查泥水舱内是否有异物。

6）若发现结泥饼现象则进行除饼。

（5）疏通已堵塞的管路。

1）进仓工作顺序为：检查刀盘及泥水仓结泥饼的情况并解除泥饼。

2）疏通已堵塞的泥浆管→检查刀盘及刀具的磨损情况。

3）检查主轴承外密封情况。

4）更换刀具。

5.1.3.2　进仓人员加减压技术措施

（1）主仓升压。

1）工作人员进入主仓，打开主仓内的双层带状纸记录器并检查是否正常工作，纸张是否充足。

2）关闭进入主仓的闸门并确定正确锁好。

3）操作管理员要通过电话一直与坐在主仓中的人员保持联系。

4）操作管理员慢慢地打开通气主阀门，并以 0.2bar/min 的速度缓慢地增加主仓室的压力直到到达预定的压力值（随时监测主仓内人员的健康状况，一旦出现任何微小的不适现象立即中断)。

5)主仓内的工作人员可按照要求调节加热系统。

6)在主仓与土仓之间进行压力补偿后,主仓的人员便可打开主仓与土仓之间的闸门。

7)当主仓室的压力等于土仓的压力时,工作人员方可进入土仓工作。

8)操作管理员停止条形记录器。

(2)主仓降压。

1)工作人员离开土仓进入主仓。

2)关闭主仓与土仓之间的闸门和压力挡板上作压力补偿用的阀门。

3)主仓内的人员通过电话与操作管理员联系。

4)操作管理员打开条形记录器。

5)操作管理员打开泄压阀门开始缓慢地降低主仓中的压力,并同时观察压力表和流量计。

6)与此同时,操作管理员打开通风阀门开始通风,但不升高压力。

7)继续调节通风阀门直到使得主仓压力能稳定而缓慢下降,流量计的值必须保持 $0.5m^3/(min \cdot 人)$。

8)当主仓内的压力降低到一定的值后,操作管理员调节阀门保持此时压力值。同时观察流量计保持通风良好。

9)在压力保持阶段,必须观察压力表和调节阀门保持压力的正常。在降压过程中主仓内的人员可打开加热系统,温度范围为15～28℃。

10)此后,可打开主仓的仓门,人员离开主仓。

11)操作管理员停止条形记录器,填写记录表(日期/时间/压力/人数等)。

(3)操仓人员严格按照CJJ 217—2014《盾构法开仓及气压作业技术规范》中关于气压作业工作时间和减压时间进行操仓。

5.2 泥浆环流系统优化

5.2.1 泥水仓积仓判断

泥水盾构推进过程中,由于地层突变或操作不当,掌子面切口压力突然失压,使得地层塌陷,地层岩土进入泥水仓将泥水仓全部或部分填满。盾构机刀盘将因扭矩超限,停止转动,最终盾构机不能前进。地层塌陷,造成地表沉降,危及周边环境。

为了使盾构机刀盘恢复转动,需将泥水仓堵塞的渣土清理出来。目前的方法主要为两种,一是带压进仓进行人工清理,二是采取分层逆洗操作方式。带压进仓具有一定危险性,尤其是在富水高渗透地层中,且有效清仓效率低,因此一般采取分层逆洗操作方式将泥水仓渣土通过泥浆循环带出泥水仓。

图5-1为刀盘中心冲洗口和管路布设,A和B为备用排泥管。

打开刀盘中心冲洗12c1、12c2组、刀盘备用中心冲洗管路和备用排泥管,发现堵塞严重,判断泥水仓存渣中心线以上0.5m。

泥水循环带渣时盾构机进泥流量与排泥流量不匹配,且P21排浆泵吸口压力较低不

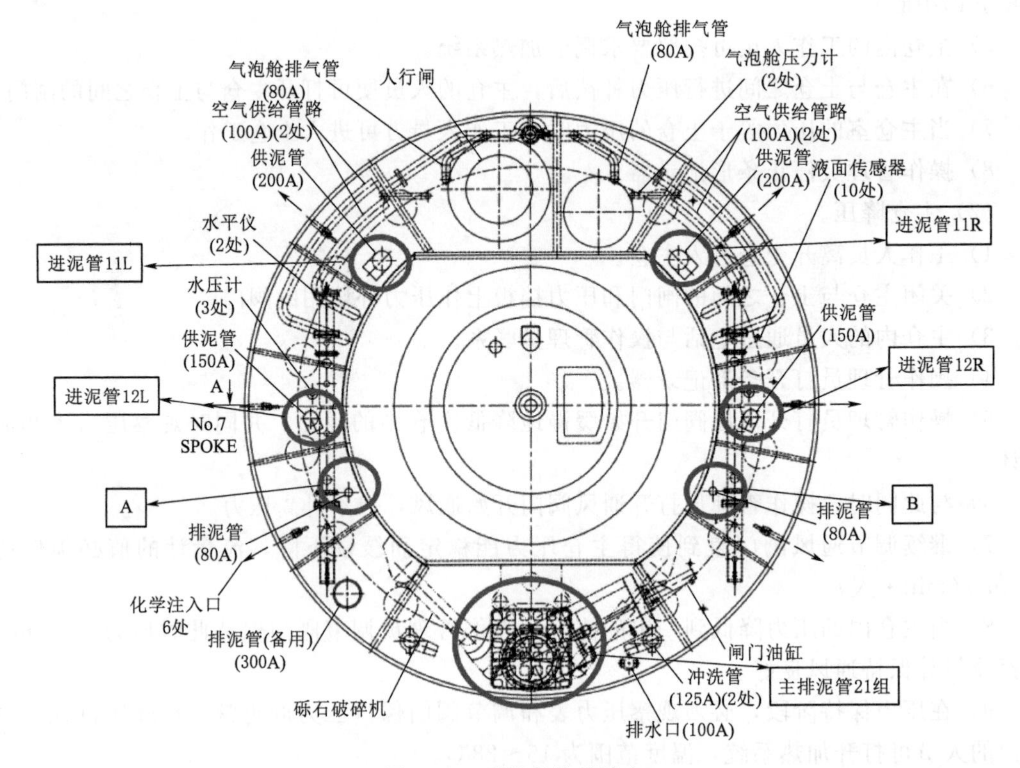

图 5-1　环流系统管路布

能实现循环带渣；通过泥水循环系统反冲洗模式对排渣口进行冲洗时，盾构机送泥管路压力增大，并且切口水压下降较快不能达到冲洗的效果，多次正反冲洗后均无效果，判断为盾构机长时间欠压停机造成掌子面坍塌堵塞泥水仓。

为防止机内管路留存渣土，盾构司机在停机前通过机内小旁通模式发现机内管路堵塞，判断可能是进行多次正反冲洗模式导致堵塞机内管路（图 5-2）。在疏通机内管路时发现盾构机排泥管、送泥管 12 组堵塞、送泥管 11 组未堵塞；初步判断泥水仓积仓高度达到盾构机中部位置。

图 5-2　环流管路堵塞

5.2.2 泥浆管路优化措施

1. 既有隧道内管路铺设优化

因临标既有隧道内二衬现浇混凝土结构已完工，需保护已成型结构，不能做临时固定装置。因此，必须在既有隧道内采取合理的管路铺设、加固措施，减少管路振动引起的接头漏浆。

图5-3 优化前管路铺设

(1) 优化前既有隧道内管路铺设。最初设计方案为在隧道底部铺设1.5m、宽10mm的槽钢，每6m均匀铺设4根，在隧道底部形成平面，排浆管和进浆管放置在槽钢上，然后在进浆管和排泥管两侧焊接防滚装置，如图5-3所示。

该管路铺设方案虽有效地保护了隧道既有结构，但推进过程中管路振动十分剧烈，导致管路接头位置频繁漏浆。

(2) 优化后既有隧道内管路铺设。新设计的管路支架如图5-4所示，结构大体为楔形结构，两侧为等长100mm槽钢，上部为直径300、宽100mm环形托架，用于固定排浆管，下部为直径250、宽100mm环形托架，用于固定在进浆管上，环形托架均由旧泥浆管切割加工而成。环形托架与旧管路外壁完全贴合后进行焊接固定，如图5-5所示。该方法有效增加了管路稳定性，减少了管路振动导致的接头漏浆，且架高的排浆管路为漏点修补提供了作业空间。

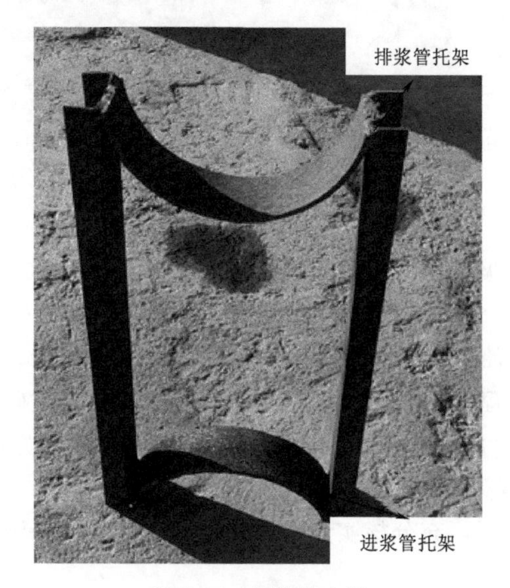

图5-4 新管路支架

图5-5 管路焊接固定

2. 管路磨损优化

(1) 采用新型耐磨弯头。所有弯头均采用偏心加厚耐磨设计，如图5-6所示。弯管外侧厚度为20mm，内侧厚度10mm，从物理方面增强管路抗磨性能，且尽量减少90°弯头的使用，用 45°弯头代替，减小岩渣与管路之间的冲击角，从而降低磨损。

（2）弯头处提前补焊钢板。根据现场统计的典型漏点位置，可在管路磨穿前提前加焊一层耐磨弯头的钢板后，如图 5－7 所示，加焊后弯头外侧厚度变为 40mm，根据本项目经验，加厚弯头可以使用 300 环左右。

图 5－6　45°偏心耐磨弯头

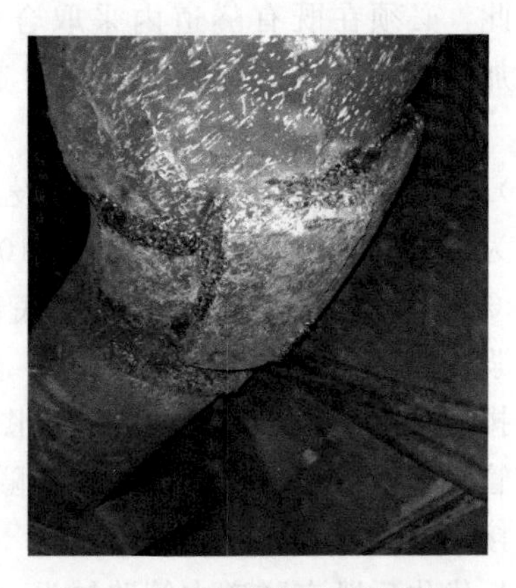

图 5－7　提前补焊耐磨钢板

（3）旋转直管 180°重复利用。在对现场漏点统计中发现，直管磨损只存在于管路下半侧，上半侧几乎无磨损。因此，为节约成本，可对一侧使用完的泥浆直管翻转 180°重复利用。

（4）提前铺设备用管路。根据现场监测的管路磨损速率，合理估算管路使用寿命，在管路损坏前，及时铺设好备用管路，如图 5－8 所示，待管路磨损至无法使用时，可快速更换至备用管路，减少停机时间。

图 5－8　提前铺设备用管路

5.2.3　防滞排系统实际应用中出现的问题

（1）P02 吸口从分流器处取浆，导致 P21 吸口压力降低，掘进过程中无法使用 P02 冲洗泵。

建议：P02 吸口装设 3 通管路和闸板阀，使 P02 可以从分流器和进浆管分别取浆。

（2）P02 泵扬程不满足现场需求。掘进过程中，上部泥水压力最大为 3.5bar，破碎机位置泥水压力达 4bar，而 P02 泥浆泵最大输出压力为 4.63bar，泥浆管路存在压力损失，当上部泥浆压力为 3.5bar 时，P02 泥浆泵基本失去冲洗作用。

建议：盾构机设计过程中，应根据地层水压，充分核实各个泵的扬程、功率是否满足需要。

5.2.4　预防刀盘结泥饼设计使用情况

盾构掘进至砂卵石夹杂黏土地层时，出现较为严重的结泥饼情况，具体表现为推力大，扭矩大，掘进速度慢，出渣情况为细砂、粗沙多，大粒径卵石少。期间采用刀盘中心高压注水，P01、P02 冲洗均未出现好转，最后以分散剂泡仓，取得较好效果。

在最后30m全断面黏土地层掘进中，对盾构机管路进行部分改造，通过加强对刀盘面板的冲洗，加强对前端闸门及破碎机位置的冲洗，减少刀盘泥饼的固结，减少黏土在刀盘内的堆积，取得不错的效果，掘进过程中，参数平稳正常，未出现结泥饼情况，具体改造如下：

（1）将P02吸口管路改至进浆管，使P02在掘进中也可使用。

（2）将出口管路改为直管，加强刀盘面板的冲洗，与P01泥浆泵配合，可实现刀盘开口位置无死角冲洗。

（3）将泥水仓底部2个DN80的直管改为90°弯管，加强对前端闸门的冲洗。

5.3 盾构设备故障原因分析及解决办法

盾构机维护保养十字方针为：清洁、润滑、紧固、调整、防腐。施工过程中有效的巡检和保养可大大降低盾构机的故障率，避免很多不该出现的问题。机电部应编制适合本项目实际工况的盾构机和后配的巡检记录表、维保记录表，部长应定期或者不定期的对巡检、维保情况进行检查，确保巡检维保的落到实处，发挥效力。对重要部位和容易发生故障的部位加强巡视和保养，可避免很多问题的发生。针对每次发生的问题进行总结并定期对现场技术人员进行培训，确保现场技术人员都能知道问题发生的原因和处理问题的方法流程。

常用的易损配件储备对盾构机运行及故障解决也是极其重要的。应根据盾构机实际情况，列出易损件清单，采购适合本盾构机的配件；做好市场调研，扩宽配件采购渠道，多家对比配件价格、质量，择优购买；应对损坏部件做好记录，及时补充仓库库存。对易损件应做好分类，对于会造成盾构机停机的易损件储备充足，对不会造成盾构停机的配件可少备或不备，但应确定采购周期和采购渠道；对采购周期长的应提前备货。配件采购应确定好型号、尺寸、要求，确保采购回来的配件可以满足使用要求；应制定限额领料制度，避免出现不必要的浪费，在满足要求的情况下，最大限度地节约成本。

以下是在北京南水北调项目遇到的具体问题及其原因和解决办法。

问题1：如图5-9所示推进系统在拼装模式下，只选择1组油缸，伸出时本组油缸可以单独伸出，缩回时有其他一组油缸同时跟随缩回。

盾构机推进系统缩回控制过程为推进油缸缩回选择阀SF#失电，推进油缸高速缩选择阀SBP#得电，推进油缸选择阀SJ#得电，推进油缸方向控制阀缩得电，推进系统加载阀得电，推进泵加载，推进油缸做缩回动作。

只选择一组油缸缩，但两组油缸同时缩回的原因两点，一是推进油缸缩回选择阀SF#在得电情况下无法锁死油路，液压油仍能通过；二是推进油缸高速缩选择阀SBP#接线有错误，比如SBP1与SBP2线路接反，在SF1、SF2无法锁死油路的情况下，便会出现单伸1号油缸，1号油缸伸出；单伸2号油缸，2号油缸伸出；单缩1号油缸，1号、2号油缸同时缩；单缩2号油缸，1号、2号油缸同时缩的现象。

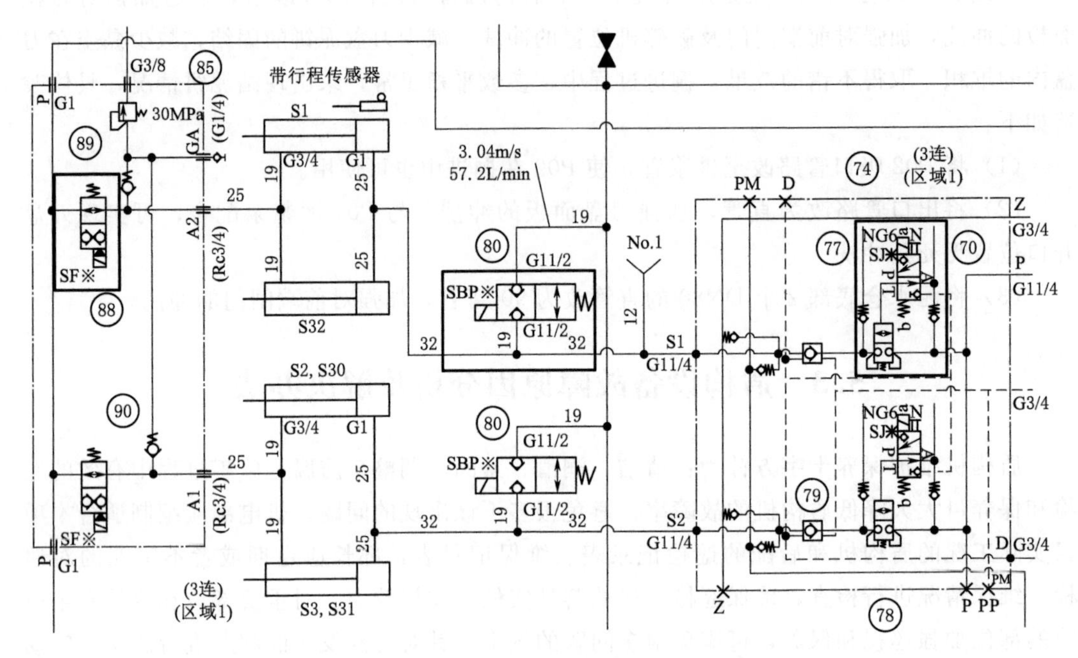

图 5－9　推进油缸选择阀组控制原理图

推进系统其他问题可按问题种类分别处理，有助于快速查出问题，若推进油缸全部无法动作，可检查系统加载阀，方向控制阀；若某个分区无法动作，可检查减压阀比例放大板，减压阀电磁线圈；若某根油缸无法动作可检查选择阀。根据具体问题再具体分析，确定是电气还是液压问题，找准解决问题的方向，事半功倍。

问题 2：操作推进后，推进系统压力为 0 故障处理。

推进泵电机启动正常，推进系统加载阀正常得电，加载阀阀芯动作，推进系统压力为 0（图 5－10）。

在电磁阀 A、C 均不得电的情况下，此时系统压力为 0，推进系统处于卸荷状态；在 A、C 同时得电的情况下，溢流阀溢流压力为 30MPa，此时系统最高压力为 30MPa，即在推进模式下系统的加载状态；在 C 得电、A 不得电的情况下，溢流阀溢流压力为 5MPa，此时系统最高压力为 5MPa，即在拼装模式下系统的加载状态。

可能原因有 2 种，推进泵故障无供油或推进系统加载阀故障。对推进泵比例流量阀、比例放大卡进行排查，均正常。在拼装模式下操作推进油缸缩回，油缸可以正常缩回，在推进模式下启动推进常规泵和微速泵，油缸可以伸出。由此判断，推进系统常规泵运行正常，应是加载阀故障（图 5－11）。

处理方法：现场无推进泵加载阀备件，根据推进系统液压原理图，推进系统常规泵与推进系统微速泵加载阀型号一致，推进系统微速泵加载阀在微速推进和推进油缸缩回时才得电加载，根据当时工况不需微速推进，推进油缸在拼装模式下缩回时，因高速缩电磁阀会得电，推进油缸可以缩回，故决定将推进系统常规泵加载阀与推进系统微速泵加载阀互换，系统可正常工作。

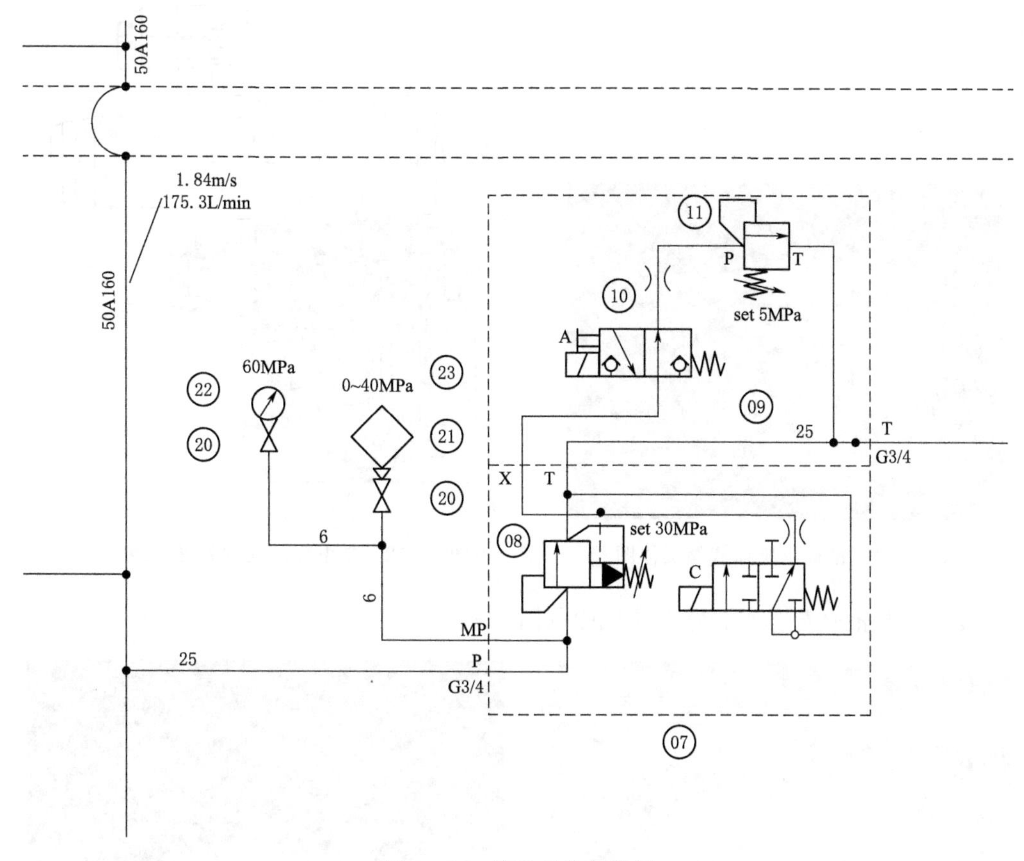

图 5-10　推进系统加载阀

将加载阀更换后，掘进模式下推进系统加载压力正常，但在拼装模式下推进油缸伸出压力仍为 30MPa，正常应为 5MPa。对加载阀重新进行拆解，发现其 X 油口用堵头堵塞，拆除堵头后，掘进模式下，拼装模式下，推进油缸伸缩压力均正常。

推进系统加载阀主要部件为带电磁卸荷的先导式溢流阀（图 5-12），由主阀体、先导阀、方向控制阀组成。先导阀和主阀阀芯分别处于受力平衡，其阀口都满足压力流量方程。阀的进口压力由两次比较得到，压力值主要由先导阀调压弹簧的预压缩量确定，主阀弹簧起复位作用。

当方向控制阀不得电时，弹簧一端的主阀芯油腔与方向阀的通道 T 连通，先导油液从 A1 口经 B2、T2、B1 口回油箱，主阀芯上端压力为 0。这样，主阀芯（5）就被抬离阀座（4），液流即可无压力地从 A1 到 B1 流动。

当方向控制阀得电时，从主阀芯弹簧油腔经方向阀的端口 B 到油箱的油路不连通，先导油压力作用于主阀芯上端，这时阀处于溢流阀状态。

主阀芯开启是利用液流流经阻力孔形成的压力差。阻力孔一般为细长孔，孔径很小 $\varphi=0.8\sim1.2$mm，孔长 $l=8\sim12$mm，因此工作时易堵塞，一旦堵塞则导致主阀口常开无法调压。事后对加载阀进行清洗，发现其阻力孔确实存在堵塞。

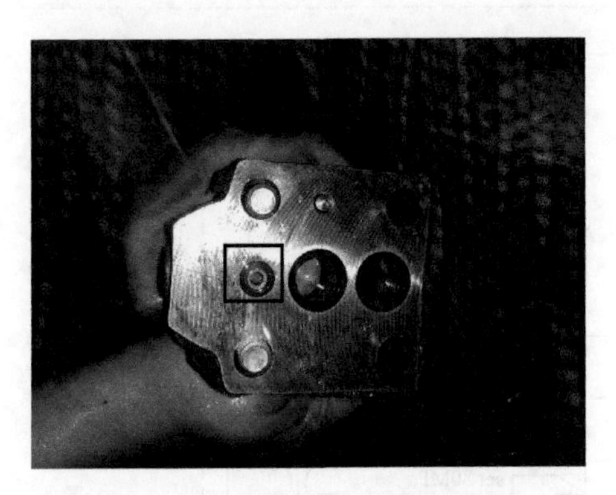

图 5 - 11　推进系统加载阀实体图

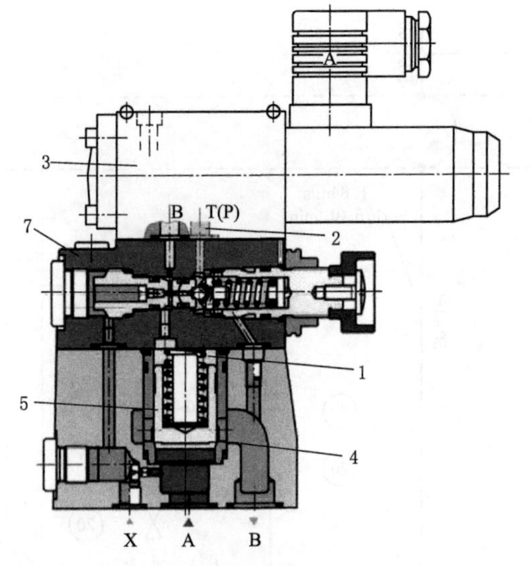

图 5 - 12　带电磁卸荷的先导式溢流阀

问题 3：气泡仓与泥水管路保压试验（图 5 - 13）。

图 5 - 13　气泡仓与泥水管保压试验

在前盾焊接完成后，应对气泡仓各个预留口进行封堵，进行气泡仓保压试验，确定整体结构的气密性（图 5 - 14）。

对液动球阀、手动球阀进行保养，保证其气密性，前盾装配完成后，做整体保压试验。

现场总装完成后，做整体保压试验。将 2 号台车旁通系统气动球阀关闭，环体上各液动球阀打开，手动球阀关闭，做管路的气密性试验。

问题 4：环体铰接处漏浆。

铰接密封处预留黄油注入口 12 处，聚氨酯注入口 5 处（图 5 - 15），在盾构机铰接密封失效，向环体漏浆的紧急情况下，可通过聚氨酯注入口向铰接密封处注入聚氨酯来实现密封，现场因环体内聚氨酯注入管路接头未装球阀，导致漏浆现场，掘进前务必检查聚氨酯注入管路接头是否安装。

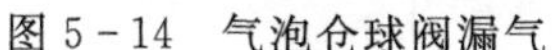

图 5-14 气泡仓球阀漏气

图 5-15 铰接密封注入口实体图

问题 5：盾构机二次转接，泥水仓压力压力监测的方法。

泥水仓压力传感器采用分体式 PMC71 型压力变送器，其输入电压为 24V，带有 LCD 液晶显示屏，显示屏上可显示测量值、故障信息等。安装方式如图 5-16 所示。

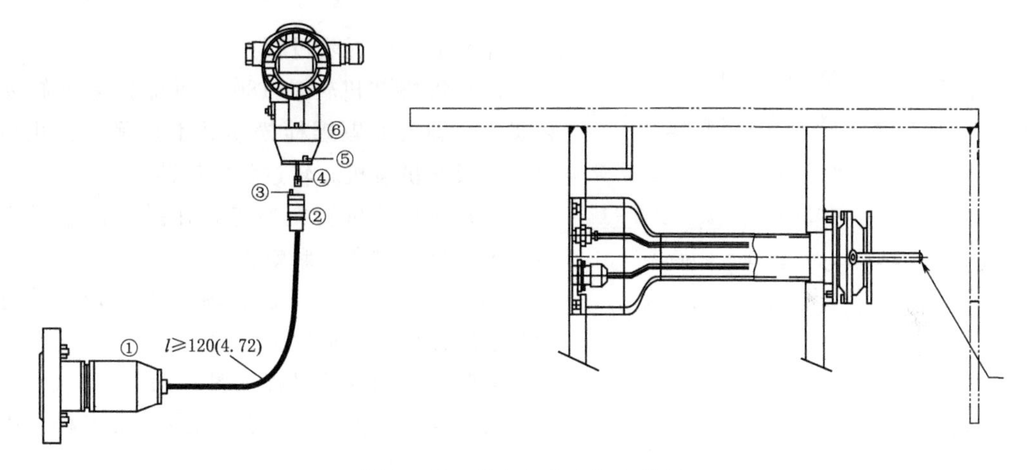

图 5-16 泥水仓水土压力测量

在盾构机断电的情况下，为泥水仓压力变送器提供单独的电源，即可通过显示屏上的测量值来监控泥水仓的压力。由电气原理图可知（图 5-17），面板压力连接箱的 24V 电源由旁通阀单元连接控制箱提供，为旁通阀控制箱提供单独的 220V 电源即可为泥水仓压力传感器提供 24V 电源，在显示屏上即可进行压力监测。

问题 6：拼装机抓举头无法抓紧管片。

现场排查发现拼装机抓紧油缸松懈电磁阀一直处于得电状态，且拼装机油缸液压系统处于加载状态。说明有管片松懈信号输入，导致系统一下在做抓紧油缸松懈动作。排查 PLC 模块上拼装机系的信号输入，发现 X04E 一直有信号输入，此时无线遥控器未操作，应是有线遥控器线路出现短接，将按钮重新处理后系统恢复正常，拼装机有线遥控器信号输入原理图如图 5-18 所示。

问题 7：拼装机抓紧油缸漏油更换，盾构机掘进过程中，拼装机抓举头密封损坏漏油。

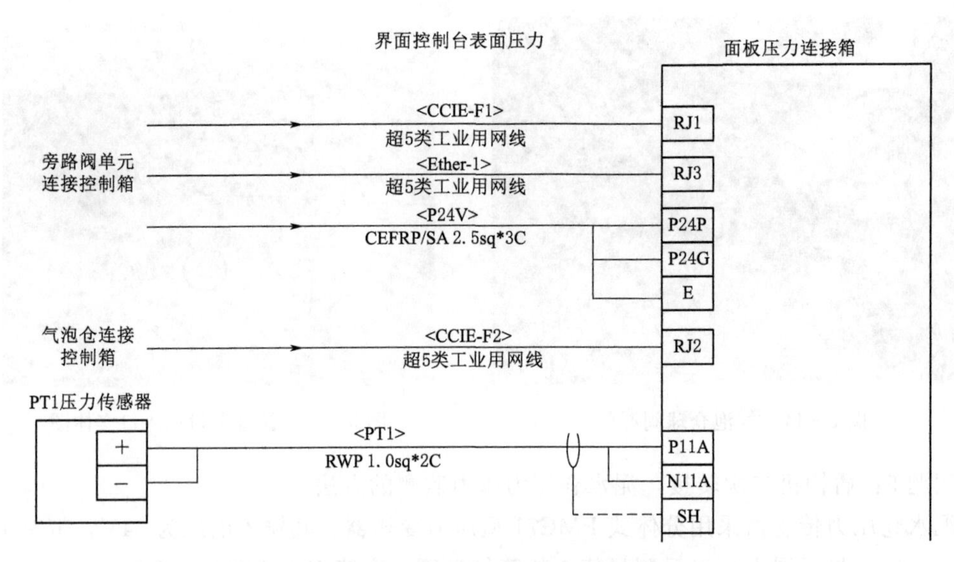

图 5－17 泥水仓压力传感器接线原理图

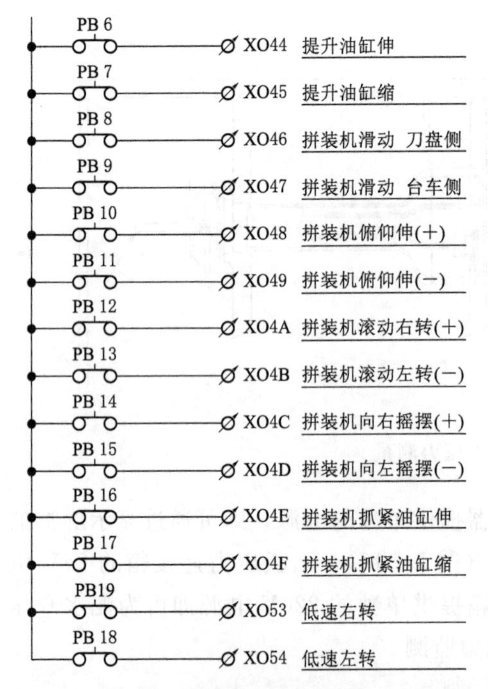

图 5－18 拼装机有线遥控器信号输入原理图

抓紧油缸的拆除过程：

(1) 将拼装机转动 180°，拆除抓紧油缸安装螺栓，剩余 2 颗螺栓松动后不拆除，防止抓举头总成在拼装机旋转过程中掉落。

(2) 将拼装机转至原点，在拼装机总成下垫方木，拆除剩余 2 颗螺栓。

(3) 在抓举头位置放置轨道连接板，通过大臂油缸伸出，将抓紧油缸顶出。

抓紧油缸的安装过程（图 5－19）：

(1) 在抓紧油缸螺栓孔安装 40cm 丝杆，用于抓紧油缸定位。

(2) 确定安装位置后，在抓紧油缸上部泥浆管壁上固定轨道连接板，通过拼装机大臂油缸缩回，将抓紧油缸压入，并安装 2 颗螺栓。

(3) 将拼装机旋转 180°，将丝杆拆除，安装剩余固定螺栓，抓紧油缸安装完成。

问题 8：刀盘启动后突然跳停。

(1) 工人误触急停按钮或急停线路短路或断路，检查急停按钮及其线路进行恢复。

(2) 通信线路干扰导致模块信号无法接收报警跳停，发生于刀盘启动过程中表现为上位机显示刀盘急停报警可消除、PLC 某个站点瞬时变红然后恢复。刀盘变频器柜通信线屏蔽层未接导致刀盘电流太大产生干扰。

(3) 变频器至刀盘电机线路接地故障或刀盘电机烧坏。表现为对应刀盘变频器报警，

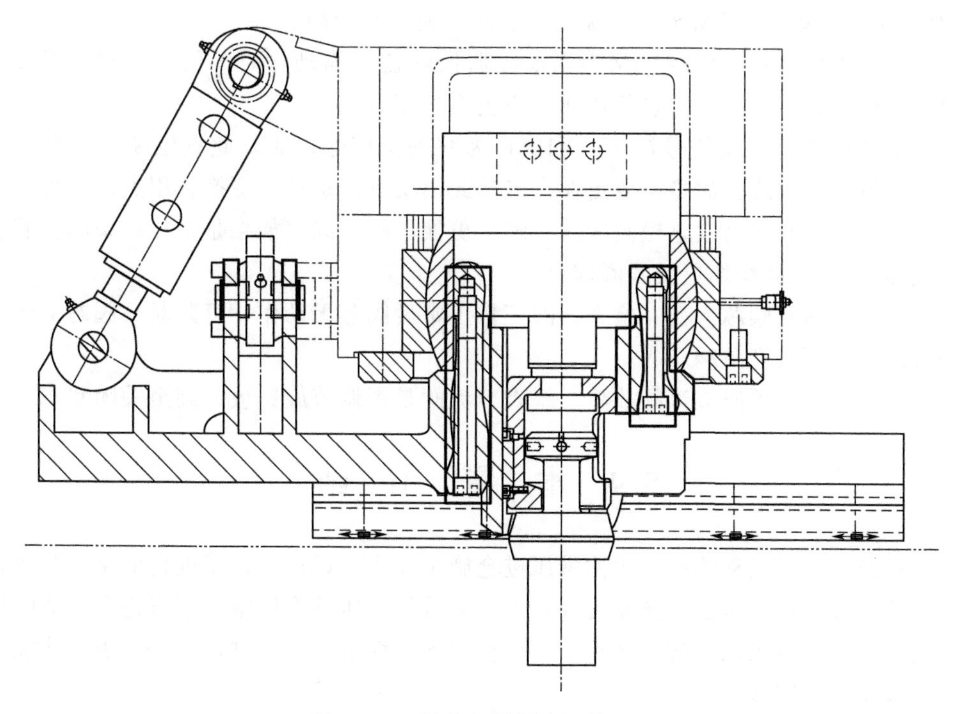

图 5-19 拼装机抓紧油缸装配图

使用摇表测量对应电机变频器柜出线端，测得绝缘为 0，拆开对应电机侧接线端子使用摇表测量电机对地阻值良好，判断线路接地，在变频器柜下方发现线路破损。一般来说线路两端接头处更容易破损。

(4) 黄油检测长时间未加油。检查黄油供给是否正常，若正常只是加油信号缺失，可修复加油信号。若黄油加油异常，修复黄油系统。

(5) 刀盘扭矩太大导致变频器保护。消除变频器报警，降低推进速度，增加泡沫注入量，降低刀盘扭矩。

问题 9：刀盘无转速或仿行刀原点无显示。

(1) 刀盘转速、仿行刀原点传感器损坏或线路故障。检查盾体内部转速传感器，测量传感器信号，确定传感器损坏或线路故障。仿形刀回转计数、仿行刀原点对应点位分别为 X026/X025 观察传感器后方感应灯闪烁频率、对应模块点位闪烁频率，若模块不闪烁或闪烁间隔不同则传感器损坏、线路中间断路。

(2) 传感器接错线或型号不匹配，转速传感器一般为接近开关形式，分为 NPN/PNP 两种，必须购买同型号接近开关，接线可根据传感器配图正确连接注意区别电流型电压型接线方式)。

问题 10：仿行刀伸缩异常。

仿行刀伸缩电磁阀损坏或卡。检查及处理方式：检查电磁阀阀芯是否动作是否正常(阀芯吸合时会有咔哒咔哒的动作声音) 若阀芯无动作检查电磁阀线圈是否有磁性 (拆除阀芯后使用螺丝刀插入电磁阀中心孔中感受电磁阀吸力) 若有磁性而无动作可确定为卡阀。

问题11：拼装机红蓝缸缩动作无反应、拼装机滑动故障。

（1）模块点位烧坏。检查思路为当遥控器按红蓝缸缩动作时，信号正常，但Y1123输出模块点位不得电，判断为点位烧坏，应更换备用点位。

（2）缩到位接近开关信号错误。X128E为缩到位信号，如果此点位断开，有两种情况，一是接近开关或线路故障需要更换；二是此模块点位烧坏，更换备用点位即可。

（3）电磁换向阀线路或电磁阀线圈故障。更换电磁阀线（如果是主控室来的多芯线更换备用线即可），线圈烧坏更换线圈即可。

（4）电磁换向阀阀芯卡顿。检查线圈工作正常后阀芯无动作，可判断是阀芯卡住，需要清洗阀芯或者更换换向阀。

（5）液压回路中单向节流阀故障。检查节流阀是否调节旋钮被误旋至关闭状态。

5.4 本章小结

（1）总结了一套完整的泥水盾构带压进仓施工技术。详述了带压进仓前条件验收、泥水仓升降液位操作，带压进仓作业内容，进仓人员加减压技术措施，带压进仓作业时风险性极高的作业，应按照规定的程序和步骤，重视各个细节，不放过每一个隐患，才能确保带压进仓作业顺利实施。

（2）在复杂地质条件下，泥水盾构机掘进会遇到很多问题。根据北京南水北调团九二期二标项目施工实际情况，具体总结了泥水积仓判断、泥浆管路磨损处理等施工技术。

（3）对盾构机掘进过程中常见的故障的表现形式、原因及处理方法进行了总结，设备故障问题比较频繁，应加强巡视，保证设备良好运行状态，正常掘进期间，应制定巡检方案，维保计划，备件采购计划，尽量不因设备故障影响盾构掘进。

第6章 结　　论

泥水盾构由于具有开挖面压力控制精度高、地表沉降低、渣土运输速度快等优势，被广泛用于复杂地质条件下的隧道开挖。尽管目前泥水盾构施工技术已相对成熟，但城市场地条件下复杂地层泥水盾构施工仍面临许多严峻的考验，开展城市场地条件下复杂地质泥水盾构关键施工技术研究，突破城市环境场地限制，探索总结适用于不同地质条件的泥水盾构高效掘进方法，具有十分重要的工程意义。本书以北京市南水北调配套工程团城湖至第九水厂（二期）施工二标复杂地质条件下泥水盾构施工为背景，对深埋富水大粒径砂卵石-硬岩复杂地层泥水盾构施工关键技术进行了深入研究，相关结论如下。

（1）国内首次在敏感城区狭小受限空间内，研发了深埋（42.5m）高渗透（$k=2.3\times10^{-1}$cm/s）富水砂卵石地层泥水盾构分体始发全过程技术体系，构建了先隧后井盾构过井不开挖常压开仓成套技术，主要结论如下：

1）在城市场地限制条件下，若始发井附近没有条件提供泥水处理场地，可通过延长管路贯穿临标隧道的方法，将泥水处理设备设置在临标场地内，在临标既有隧洞已完成二衬混凝土浇筑、不允许破坏二衬混凝土的情况下，可采用槽钢、方管等型钢支架对泥浆管路进行架设，此时需特别注意管路的固定问题，减少接头漏浆。

2）富水砂卵石地层泥水盾构分体始发施工主要可分为大部分，分别是洞门密封建仓、盾构掘进-台车转接施工、二次转接断电情况下保压，其关键技术可概括为以下3点。(a) 在洞门密封建仓时，为满足短套筒密封性要求，短套筒与端墙预埋L型钢板应满焊，同时需保证L型钢板的预埋钢筋长度和型号满足分体始发时泥浆压力对其向外的拉力；为满足短套筒与盾构机之间的密封性要求，可采用两道钢丝刷＋一道卷帘布压板的密封形式。为满足油脂及时补注要求，可在帘布渗漏点附近油脂注入孔补注油脂，直到渗漏点不再渗漏为止。(b) 盾构掘进-台车转接施工需提前做好台车井上、井下布置，减少台车位置转换次数，及时确定离心泵位置，合理使用硬连接（焊接）和软连接形式，合理使用配备接管器的台车，减少人工接管的环节，准确计算最后台车二次转接时盾构机需掘进距离，保证台车转接安装时空间足够，保证转接前盾构大电电缆长度满足盾构掘进需求。(c) 二次转接断电情况下掌子面保压主要采取三步骤措施：较高黏度和密度泥浆渗透、高黏度泥浆置换泥水仓较低黏土泥浆形成泥膜和压力降低一定数值后利用二次注浆机进行高浓度泥浆补给。

3）与泥浆-泥膜的滤水量对比发现，在0.16MPa、0.3MPa、0.44MPa 3组不同成膜压力下，清水-泥膜滤水量均呈现快速增加的趋势，其滤水量远大于泥浆-泥膜。这表明长时间断电停机、泥浆不循环工况下，压力舱上部出现清水对于开挖面维持稳定不利。

4）富水砂卵石地层泥水盾构过井不开挖常压换刀施工关键技术可总结为以下4点。

(a) 提前施作低强度混凝土墙。(b) 刀盘全部进入到低强度混凝土墙内。(c) 将因刀盘磨穿的地连墙与管片之间的空隙封堵住。(d) 将竖井内地下水位降低到盾构机刀盘最低点以下，为常压开仓提供无水条件。

(2) 提出了以刀盘扭矩/贯入度、总推力/贯入度的两参数为判据的多种地层盾构掘进状态定量分析方法，明确了刀盘振动强度与地层变化和掘进参数之间的定量关系，形成了复杂地层泥水盾构施工高效掘进分析模型。

对盾构推力、扭矩、速度 3 个关键掘进参数进行分析，提出“盾构掘进参数动态类型”概念，总结了“三参动态变化”3 种类型，分别为“正常型”“刀盘型”“单一型”，并利用这 3 种类型，对盾构掘进参数与掘进状态之间的关系进行了分析。

首次提出通过泥水盾构排出渣土特点分析地质条件变化为基础的泥水盾构高效掘进分析模型，从 5 个方面系统地论述了北京南水北调输水隧洞泥水盾构穿越砂卵石夹黏土地层、断层破碎带、全断面石英砂岩和含砾黏土地层时的动态施工技术分析过程，一定程度实现了盾构施工全过程、全专业实时控制，对复杂地质条件泥水盾构施工管理具有重要意义。

提出了利用一环（约 60 个）参数方差表示滞排严重程度的参数瞬态分析方法。结合砂卵石地层和断层破碎带地层实际统计数据，划分了滞排严重程度 3 个方差区间，分为无滞排、存在滞排和严重滞排，将工程管理定量化。

统计了北京南水北调团九二期二标项目刀具磨损详细数据，对刀具磨损形式进行了详细分析，分析了刀具磨损系数在砂卵石硬岩混合地层（上软下硬）、第一次全（强）风化地层、第一次强（中）风化地层、第二次全（强）风化地层、第二次强（中）风化地层中的变化规律。通过分析磨损系数与换刀数、刀具异常磨损数之间关系，揭示了刀具在断层破碎带和全断面硬岩地层的磨损与失效规律，明确了刀盘振动强度与地层变化和掘进参数之间的定量关系，形成了困难地层泥水盾构施工高效掘进分析模型。

总结泥水盾构掘进砂卵石夹黏土地层泥饼处置等施工技术。

(3) 研发了复杂非牛顿流体管道输送大粒径卵石模型实验装置，建立了基于 CFD-DEM 耦合技术的泥浆输送卵石管道沿程压力损失计算方法，明确了排浆管路输送不同岩渣振动特性变化规律，提出了管路磨穿预警方法，形成了泥水盾构环流系统工作性能及安全评价成套技术。

1) 模型实验结果表明，在卵石等容粒径相等的情况下，不同形状卵石的起动速度大小顺序为：椭球体>扁平状>近球体；在卵石形状系数相等的情况下，随着等容粒径的增大，卵石起动速度表现为：先增大后减小，存在一峰值起动速度；卵石起动速度随着管路倾角的增大而增大。

2) 对于任意级配卵石，管路压力损失随着浆液流速的增加而增加；同一流速下，造成管路压力损失大小的级配顺序为：大粒径>中等粒径>混合粒径>小粒径；随着卵石体积分数的增大，浆液流速对压力损失的影响越来越大；随着浆液流速的增大，卵石体积分数对压力损失影响越来越大；压力损失随着管路倾斜角度的增大而增加，当管路倾角大于 60°时，压力损失骤增。

3) 流速和等容粒径相等条件下，扁平状卵石在水平管路中的典型运移形态为滑动，椭球体和近球体卵石典型运移形态均为滚动；流速不变，形状系数相等条件下，随着等容粒径的增大，卵石在水平管路中的运动状态变化为滑动到滚动再到滑动；随着流速的增加，水平管路中卵石的运动状态表现为从滑动变为滚动；卵石在倾斜和竖直管路中均为滚动上移。

4）建立了一套基于CFD-DEM流固耦合技术的泥水盾构环流系统沿程压力损失计算方法，环流系统沿程压力损失可通过式（6-1）进行计算：

$$\Delta P=\sum_{i=1}^{n}E_i+\sum_{j=1}^{m}E_j+\sum_{k=1}^{l}E_k+\Delta P_G \tag{6-1}$$

式中：E_i 为水平直线管道基本单元的沿程压力损失；E_j 为弯头段的沿程压力损失；E_k 为竖直直管道基本单元的沿程压力损失；ΔP_G 为高程差值引起的重力势能损失；n、m、l 为各基本单元的个数。

5）数值计算结果表明，仿真压力损失与实测数据最大误差为7.21%，水平直管道沿程压力损失约为700Pa/m，竖直直管道沿程压力损失约为1250Pa/m，竖直向上的半径400mm的90°弯头压力损失约为5500Pa/个，最终应在一标隧道内距2号二衬竖井656m位置内安放排浆泵（P23）、二标隧道内距2号盾构井729m内安放排浆泵（P22）、二标隧道内距P22号泵1170m内安放排浆泵（P21）。

6）从实测磨损数据来看，渣石越尖锐，管路磨损速率越大，705环之前为砂卵石地层，渣石较为圆滑，90°弯头磨损速率约为3.33mm/100m，60°倾斜铺设管路磨损率约为1.78mm/100m，盾构曲线段直管磨损率约为0.83mm/100m，盾构直线段管路磨损率为0.59mm/100m，705环后，进入断层破碎带前期，渣石尖锐程度显著变大，管路磨损速率增大1～2倍。

7）数值模拟结果表明，当转弯半径R为D～$4D$、转弯角度β为15°～90°时，5种方向的转向弯头均呈现出管路转弯半径R越大，磨损越小，转弯角度β越大，磨损越严重的特点，应尽可能采用较大的转弯半径和较小的转弯角度。实际工程中宜采用较大的转弯半径和较小的转弯角度，以增加管路寿命。

8）由模态分析结果可知，当固定间距为6m时，系统一阶固有频率为44.67Hz，在渣石25～50Hz的激振频率范围内，存在共振风险。建议当管路中运移介质存在较多大粒径渣石时，将管路固定间距控制在3.6m左右，避免系统发生共振，减少接头漏浆风险。

9）当壁厚为2mm附近时，磨损点不再存在明显的25～50Hz的峰值频率，主要响应频率都集中在0～25Hz，该变化可作为判断管路磨损状态、发出管路磨穿预警的重要依据。

本书内介绍的科技研发成果对类似敏感城区场地限制和复杂地质条件下的泥水盾构施工具有重要指导意义，可为国内外具有相似工程背景的泥水盾构施工提供借鉴。

参 考 文 献

[1] 朱伟，钱勇进，闵凡路，等. 中国泥水盾构使用现状及若干问题 [J]. 隧道建设（中英文），2019，39 (5)：34-45.

[2] 竺维彬，鞠世健. 复合地层中的盾构施工技术 [M]. 北京：中国科学技术出版社，2006.

[3] 王振飞. 京砂卵石地层大直径泥水加压平衡盾构适应性研究 [D]. 北京：北京交通大学，2014.

[4] 王江涛，陈建军，于澎湃，等. 水北调中线穿黄工程泥水盾构施工技术 [M]. 郑州：黄河水利出版社，2010.

[5] 郭家庆. 成都地铁盾构 4 标段泥水与土压两种盾构机的适应性分析 [J]. 现代隧道技术，2010，47 (6)：57-61.

[6] 王梦恕. 盾构和掘进机隧道技术现状、存在的问题及发展思路 [J]. 隧道建设（中英文），2014，34 (3)：179-187.

[7] 陈丹，刘喆，刘建友，等. 路盾构隧道智能建造技术现状与展望 [J]. 隧道建设（中英文），2021，41 (6)：923-932.

[8] TANG Yong. Risk analysis and control measures of initiation and acceptance of shield machine [J]. Civil Engineering and Technology，2017，6 (1)：1-3.

[9] 钟志全. 窄空间土压平衡盾构分体始发施工技术：以新加坡地铁 C715 项目盾构隧道为例 [J]. 隧道建设（中英文），2020，40 (8)：1197-1202.

[10] 王小强，郭志，王以栋，等. 双护盾 TBM 分体始发技术研究与在青岛地铁 1 号线的实施 [J]. 隧道建设（中英文），2018，38 (9)：1573-1578.

[11] 石亚磊，高墅. 分体始发施工技术在核电厂取水工程中的应用 [J]. 隧道建设，2017，37 (S1)：178-183.

[12] 季维果. 大连地铁 2 号线小半径曲线隧道盾构单井口始发技术研究 [J]. 隧道建设，2014，34 (9)：895-899.

[13] 王刚. 北京地铁 8 号线鼓楼大街站—什刹海站区间盾构冬季下穿平瓦房区分体始发施工技术 [J]. 隧道建设，2013，33 (12)：65-71.

[14] 皮景坤. 盾构分体始发技术在某地铁施工中的应用 [J]. 施工技术，2016，45 (9)：114-115.

[15] 卜星玮，曾波存，万飞明，等. 狭小空间条件下盾构分体始发施工技术研究 [J]. 隧道建设（中英文），2018，38 (S2)：292-297.

[16] 刘生，张波，张书香，等. 大直径土压盾构在狭小风井中掘进施工场地规划探讨 [J]. 建筑技术开发，2020，47 (19)：52-54.

[17] 樊福发. 狭小空间盾构分体始发技术分析 [J]. 工程技术研究，2019，4 (7)：34-35.

[18] 吕善. 大直径泥水盾构分体组装始发关键技术 [J]. 工程机械与维修，2016 (6)：94-98.

[19] 张洪江，王振华，张晓鹏，等. 复杂地质条件下泥水盾构施工技术研究 [J]. 山西建筑，2018，44 (2)：171-173.

[20] 李希宏，万陶，贺创波. 淤泥加砂地层泥水盾构钢套筒分体始发关键技术研究 [J]. 工程技术研究，2021，6 (7)：48-50.

[21] 李怀洪. 大直径泥水平衡盾构的分体始发技术 [J]. 建筑施工，2011，33 (12)：1113-1115.

[22] 刘学龙. 小直径泥水盾构分体始发技术 [J]. 建筑机械化，2013 (5)：84-86.

[23] HAN Xiaoming, ZHANG Feilei, HE Yuan, et al. Research on deformation treatment and control technology of tail shield of underwater large diameter slurry shield [J]. IOP Conference Series: Earth and Environmental Science, 2021, 783 (1): 012027.

[24] He Shaohui, Li Chenghui, Wang Dahai, et al. Surface settlement induced by slurry shield tunnelling in Sandy Cobble Strata—acase study [J]. Indian Geotechnical Journal, 2021, 51 (6): 1349-1363.

[25] AYASRAH M M, QIU H S, ZHANG X D, et al. Prediction of ground settlement induced by slurry shield tunnelling in granular soils [J]. Civil Engineering Journal-Tehran, 2020, 6 (12): 2273-2289.

[26] CUI J, XU W H, FANG Y, et al. Performance of slurry shield tunnelling in mixed strata based on field measurement and numerical simulation [J]. Advances in Materials Science and Engineering, 2020, 2020: 1-14.

[27] MIN Fanlu, ZHU Wei, LIN Cheng, et al. Opening the Exeavalion Chamber of the Large-Diameler Size Slury Shield: A Case Sudy in Nanjing Yangtze River Tunnel in China [J]. Tunnelling and Underground Space Technology, 2015, 46: 18-27.

[28] MYOUNG S C, YOUNG J K, KYUNC P J, et al. Effect of the Coarse Aggregate Size on Pipe Flow of Pumped Concrete [J]. Construction and Building Materials, 2014, 66: 723-730.

[29] YANC Duan, IA Yimin, WU Dun, et al. Numerical Investigation of Pipeline Transport Characteristics of Slurry Shield under CravelStratum [J]. Tunnelling and Underground Space Technology, 2018, 71: 223-230.

[30] JIANG Shengqiang, CHEN Xiaodong, CAO Guodong, et al. Optimization of Fresh Concrete Pumping Presure oss with CFD-DEM Approach [J]. Construction and Building Materials, 2021, 276.

[31] 邵启昌. 中心城区泥水盾构隧道泥水系统技术研究 [D]. 石家庄: 石家庄铁道大学, 2016.

[32] 崔建, 徐公允, 陈燚, 等. 清华园隧道泥水环流系统泥浆输送管路磨损分析 [J]. 现代隧道技术, 2020, 57 (增刊1): 1224.

[33] 黄波, 李晓龙, 陈长江. 大直径泥水盾构复杂地层长距离掘进过程中的泥浆管路磨损研究 [J]. 隧道建设, 2016, 36 (4): 490.

[34] 王飞. 兰州地铁1号线黄河隧道盾构施工难点及应对措施研究 [J]. 铁道标准设计, 2017, 61 (4): 93.

[35] 杨爱军, 张宁川, 王杜娟, 等. 砂卵石地层气垫式泥水盾构的优化 [J]. 隧道建设, 2013, 33 (4): 331.

[36] FINNIE I. Erosion of surfaces by solid particles [J]. Wear, 1960, 3 (2): 87.

[37] SHELDON G L, FINNIE I. On the ductile behavior of nominally brittle materials during erosive cutting [J]. Journal of Engineering for Industry, 1966, 88 (4): 387.

[38] BELLMAN R, LEVY A. Erosion mechanism in ductile metals [J]. Wear, 1981, 70 (1): 1.

[39] FOLEY T, LEVY A. The erosion of heat-treated steels [J]. Wear, 1983, 91 (1): 45.

[40] MAZUMDER Q H, SHIRAZI S A, MCLAURY B. Experimental investigation of the location of maximum erosive wear damage in elbows [J]. Journal of Pressure Vessel Technology, 2008, 130 (1): 244.

[41] MAZUMDER Q H. Effect of liquid and gas velocities on magnitude and location of maximum erosion in U-Bend [J]. Open Journal of Fluid Dynamics, 2012, 2 (2): 29.

[42] TAN Y, ZHANG H, YANG D, et al. Numerical simulation of concrete pumping process and investigation of wear mechanism of the piping wall [J]. Tribology International, 2012, 46: 137.

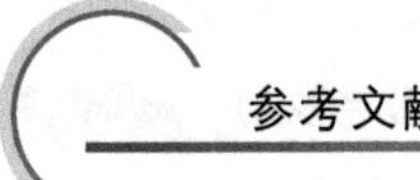

[43] MASSOUD B, JAFAR K H. A case study on TBM tunnelling in fault zones and lessons learned from ground improvement [J]. Tunnelling and Underground Space Technology, 2017, 63, 162-170.

[44] FARROKH E, KIM D Y. A discussion on hard rock TBM cutter wear and cutterhead intervention interval length evaluation [J]. Tunnelling and Underground Space Technology, 2018, 81: 336-357.

[45] LIN Laikuang, MAO Qingsong, XIA Yimin, et al. Experimental study of specific matching characteristics of tunnel boring machine cutter ring properties and rock [J]. Wear, 2017, 378-379: 1-10.

[46] SU Weiling, LI Xinggao, JIN Dalong, et al. Analysis and prediction of TBM disc cutter wear when tunneling in hard rock strata: A case study of a metro tunnel excavation in Shenzhen, China [J]. Wear, 2020, 446-447: 203190.

[47] AGRAWAL A K, CHATTOPADHYAYA S, MURTHY V M S R. Delineation of cutter force and cutter wear in different edge configurations of disc cutters - An analysis using discrete element method [J]. Engineering Failure Analysis, 2021, 129: 105727.

[48] XUE Yadong, ZHOU Jie, LIU Chun, et al. Rock fragmentation induced by a TBM disc-cutter considering the effects of joints: A numerical simulation by DEM [J]. Comput Geotech, 2021, 136: 104230.

[49] LING Xianzhang, KONG Xiangxun, TANG Liang, et al. Preliminary identification of potential failure modes of a disc cutter in soil-rock compound strata: Interaction analysis and case verification [J]. Engineering Failure Analysis, 2022, 131: 105907.

[50] HANG Zhiqiang, ZHANG Kangjian, DONG Weijie, et al. Study of Rock-Cutting Process by Disc Cutters in Mixed Ground based on Three-dimensional Particle Flow Model [J]. Rock Mechanics and Rock Engineering, 2020, 53 (8): 3485-3506.

[51] FANG Yong, YAO Zhigang, XU Wanghao, et al. The performance of TBM disc cutter in soft strata: A numerical simulation using the three-dimensional RBD-DEM coupled method [J]. Engineering Failure Analysis, 2021, 119: 104996.

[52] YANG Haiqing, LIU Bolong, WANG Yanqing, et al. Prediction model for normal and flat Wear of Disc Cutters [J]. International Journal of Geomechanics, 2021, 21 (3).

[53] SUN Ruixue, MO Jiliang, ZHANG Mengqi, et al. Cutting performance and contact behavior of partial-wear TBM disc cutters: A laboratory scale investigation [J]. Engineering Failure Analysis, 2022, 137: 106253.